不一样的**起司蛋糕**

分享行家的私房

CHEESE CAKE

河南科学技术出版社

·郑州·

目录
Contents

注：英寸并非我国法定计量单位，但考虑到行业惯例，本书予以保留。

1英寸＝2.54厘米，一般我们所说的"几英寸"蛋糕，是指蛋糕的直径。

烤焙式起司糕点

冷藏式起司糕点

 # 离不开起司点心

CHEESE CAKE

相传最早发现美味起司的是阿拉伯游牧民族。据传说，远古时代的游牧民族因为需要横穿沙漠，就用牛胃做成装牛奶的皮囊，装满牛奶，作为途中解渴的饮料。在漫长的旅途中，打开牛胃皮囊却发现里面的牛奶早已变质，形成一层透明液状的乳浆及白色块状的凝乳层，这就是美味起司的起源。

莫扎瑞拉起司
Mozzarella

特点：香气温和、口感滑腻的莫扎瑞拉起司是用水牛奶制成的。在制作过程中，将凝乳放入热水中揉捏，因而色泽纯白、质地柔软且富有弹性。

切达起司
Cheddar

特点：口感浓稠的切达起司有橘红色和乳白色两种。熟成的切达起司呈鲜橘色，有坚果香味，易熔化，常刨丝入菜，用于焗烤料理中。还有一种小丁切达起司，具有金黄诱人的色泽和微咸的口感。

帕玛森起司粉
Parmesan

特点：帕玛森起司粉是用帕玛森起司磨制而成的，粉末细致，味道芳香醇厚，烤后色泽诱人，能增添风味，是比萨、意大利面、浓汤和焗烤料理的必备良伴。

马斯卡彭起司
Mascarpone

特点：颜色雪白的马斯卡彭起司形状与味道像发泡的奶油，口感清淡，带有天然的香醇甘甜，是提升提拉米苏美味的关键材料。常用于酱料的调制，或加入蜂蜜，作为甜食的蘸酱。

奶油起司
Cream cheese

特点：又名凝脂乳酪，呈白色，质地柔软，带有微微的酸味和奶油般的柔滑感，几乎适用于所有起司蛋糕。拆封后易吸收其他味道而变质，故应尽早使用。

羊乳起司
Goat cheese

特点：顾名思义，羊乳起司就是用山羊奶制成的起司，风味与牛奶制成的起司截然不同，味道略带酸味，口感细滑。

综合起司丝
Mix cheese

特点：广泛用于焗烤类料理中，主要以高达起司和莫扎瑞拉起司切丝混合制成，味道香浓，烘烤后会产生较强的拉丝效果，是制作比萨和焗烤料理不可或缺的材料。

黄金起司粉
Cheese powder

特点：黄金高钙起司粉，呈橘色、细粉末状，富含钙质，风味郁郁。艳丽的色泽可丰富成品的视觉效果，适用于制作料理和点心。

起司的保存方法

　　一般来说，硬质起司的保存时间较长，而软质起司和新鲜起司最好在开封后尽早食用。因为起司是不断且持续熟成的，最好保存在适当的温度与湿度环境中。没用完的起司最好密封包好，再放入冰箱冷藏保存，并在可食用期限内尽早吃完。

在家制作起司蛋糕时，最重要的是挑选适合的基本工具和制作材料。这里针对制作各种起司蛋糕、点心的材料和器具，做简单的基本介绍与使用说明，供您选购时参考。

粉类和发粉

面粉 ❶

无论是高筋面粉还是低筋面粉，所有粉类在使用前都必须过筛，以免因结块而破坏口感。

玉米淀粉 ❷

从玉米中提炼出的一种淀粉，用水调和加热后会产生黏性，常加入挞派馅中作为凝固剂。制作蛋糕时适量添加，可降低面粉的筋性，增加松软的口感。

杏仁粉 ❸

用纯杏仁磨成的粉末，与一般直接冲制即可饮用的杏仁粉不同。

泡打粉 ❹

泡打粉俗称发粉或发泡粉，是用小苏打粉混合其他酸性材料制成的化学膨大剂，能促使组织膨胀、松软，多用于制作蛋糕西点。

小苏打粉 ❺

小苏打粉常用于巧克力或可可蛋糕等含酸性材料较多的配方中，用量过多会有皂味。加入小苏打粉的面糊，应调拌好后立即烤焙，以免气体流失，减弱膨胀效果。

塔塔粉 ❻

主要用于打发蛋白，具有中和蛋白的碱性及增加蛋白韧性的效果，还能帮助蛋白快速起泡打发。

红曲粉　荞麦　榛果粉　玫瑰花　干燥香葱

鸡蛋 ❼

　　蛋黄的油脂具有良好的乳化性,可使材料更容易搅拌均匀;蛋白能使组织膨胀、质地细致,是制作西点不可或缺的材料之一。添加鸡蛋时,为了不使面糊的温度降得太低,应将鸡蛋从冰箱中取出,待与室温接近后再使用。

甜味剂

细砂糖 ❽

　　颗粒细小的细砂糖可快速与其他材料融合,适用于制作所有点心。细砂糖除了能增加甜味、使成品绵软可口之外,在打发蛋液时加入,还有帮助起泡打发的作用。

糖粉 ❾

　　糖粉是将细砂糖磨成粉并添加少许玉米淀粉制成的,是最细的糖类,具有防止结块且细密的特点,常用于奶油霜饰或成品的表面装饰。

蜂蜜 ❿

　　蜂蜜是蜜蜂从花粉中提炼出来的浓稠糖浆,风味因花的品种而有区别,主要用于西点制作中,以增加产品的风味与色泽,还具有保湿效果。

转化糖浆 ⓫

　　转化糖浆又称人造蜂蜜,分为酸转化糖浆与酶转化糖浆两种。市售糖浆以酶转化糖浆居多,而一般广式月饼使用的则是酸转化糖浆。转化糖浆与蜂蜜的风味及作用相似。

油脂类与乳制品

奶油 ⓬

　　奶油是从牛奶中提炼出来的固体油脂,分为含盐与无盐两种,使用前应放在室温中待其升温软化,用手指一按会凹陷时再使用。

色拉油 ⓭

　　色拉油以大豆为主要原料,具有良好的融合性,易与其他材料混合,广泛应用于烘焙食品中。不过色拉油容易被空气氧化,对产品的塑形功能差于一般奶油。

牛奶 ⓮

　　牛奶可提高点心的风味与润泽度,让口感滑顺,增加奶香味。若要使用温热的牛奶,记得加热时不要煮沸,以免牛奶溢出或表面浮出一层薄膜。

鲜奶油 ⓯

　　鲜奶油分为动物性和植物性两种,两者皆可打发,经过适当搅拌,会形成稳定的泡沫。动物性鲜奶油口融性佳,适合制作慕斯等;植物性鲜奶油可塑性佳,适用于挤花装饰。

酸奶 ⓰

　　酸奶是牛奶经发酵制成的乳制品,口味酸甜细滑,质地浓稠,常用于制作起司蛋糕和挞类。

乳酸饮料 ⓱

　　乳酸饮料是用牛奶中的乳酸菌发酵而成的,富含钙质及多种营养成分,有独特的乳酸香味,常用于制作西点。

凝固剂类

明胶 ⑱

　　明胶为动物性胶质，有片状和粉状两种，是一种从动物骨胶中提炼的凝固剂。使用前需用冷水或冰水浸泡至软，再加热煮溶，晾凉后放入冰箱冷藏才能凝结。成品富有弹性，常用于制作慕斯等西点。

果冻粉 ⑲

　　果冻粉为白色、粉末状的植物性凝结剂，透明度佳，常用于制作果冻。使用时与糖混匀，再放入沸水中煮至溶化，然后在室温中晾凉即可凝结。

巧克力与咖啡粉类

巧克力与可可粉 ⑳

　　从可可豆中提炼并制成的巧克力，种类和品种多样，如苦甜、软硬及添加其他材料等。一般烘焙使用的巧克力以苦甜巧克力、白色牛奶巧克力及调味巧克力为主，常用于淋酱、装饰、夹心或拌入面糊，制作蛋糕、饼干和慕斯等西点。

咖啡粉 ㉑

　　可使用速溶咖啡粉作为咖啡风味西点的添加材料。使用时既可直接与其他粉料混匀，也可用液体材料调溶，再加入面糊中。

坚果类 ㉒

坚果的营养价值高，除了可增添风味和咀嚼感，还可使糕饼不会过于甜腻，也可用于表面装饰。颗粒较大的坚果使用前要切碎，再拌入主材料中。坚果富含较多的油脂，容易氧化，保存时最好密封冷藏，以免变质后出现异味。

水果、干果与果泥

新鲜水果 ㉓

新鲜水果用于烘焙时，常经过切块、磨泥或榨汁处理后，再加入面糊中。橙皮与柠檬皮常刨成丝或屑后使用，以增添香味。

果干类 ㉔

葡萄干、蔓越莓和水果蜜饯等干果类都是烘焙经常使用的材料，酌量添加，可丰富糕点的风味及口感。果干在使用前可用酒浸泡，入味后风味更佳。

水果罐头 ㉕

水果罐头是指腌渍罐头类的半成品，如水蜜桃、菠萝、梨和栗子罐头等。

各式果泥 ㉖

冷冻果泥可保持水果天然的芳香，广泛用于制作水果慕斯、水果软糖、淋酱、冷冻甜点和酱汁等，使用前需放入冰箱冷藏室，解冻后使用。

烘焙用酒 ㉗

烘焙用酒与香料的作用相似，在点心中适量增加，可提升香气，丰富口感。最常使用的烘焙用酒是朗姆酒、君度橙酒（又名康图酒），以及在烈酒中加入果肉、果汁、香草和药草等材料酿制而成的各式香甜酒等。

其他

卡士达粉 ㉘

卡士达粉又称克林姆粉，常用于制作挞类、蛋糕及点心的馅料。使用时非常方便，直接加水或牛奶调拌成糊状，就成了口感滑顺、味道浓郁的克林姆馅，可用于制作多种烘焙点心。

香草精和香草荚 ㉙

具有浓郁的香气，能增添制品的香气与风味。使用时需将香草荚剖开，刮出里面的子，然后将香草荚和子一起放入奶牛或酱汁等液体中熬煮，才能释出香味，常用于制作奶油和布丁等。如果没有香草荚，也可以用香草精代替。

肉桂粉 ㉚

肉桂粉具有特殊的浓郁芳香，与水果香味特别搭配，如苹果类甜点就经常用它来提味，有时还用于调制花式咖啡。

镜面果胶 ㉛

镜面果胶具有增加光泽、防潮及延长食品保存期的作用，常刷在完成的糕点表面或装饰在水果上。

动手制作前，一定要先将该准备的器具备齐，才不会手忙脚乱。这里为您介绍各种常用器具的使用方法，带您熟悉制作中用到的各种器具。

烘焙纸

烤盘布

硅胶烤焙垫

称量工具

秤 ❶

可用于称量用量较多的材料，以1克为单位标示的电子秤，还能准确称量用量较少的材料，如泡打粉和小苏打粉等。分量的准确与否会影响成品的口感，所以一定要认真称量。

量杯 ❷

量杯上应有明显的刻度，以方便观察测量结果。可用量杯直接称量水、色拉油或牛奶等液态材料。1量杯为240毫升，量杯上的刻度通常为1杯、3/4杯、1/2杯和1/4杯。

量匙 ❸

量匙常用于量取少量粉类和液体材料，常见的规格包括：1大匙（15克或15毫升）、1小匙（5克或5毫升）、1/2小匙（2.5克或2.5毫升）与1/4小匙（1.25克或1.25毫升），4件为1组。

加热工具

雪平锅 ❹

雪平锅质地轻巧且传热迅速，是加热材料的好帮手。

木匙 ❺

加热材料时（如牛奶或各种馅料），可用木匙搅拌均匀。

制作面糊的工具

打蛋器 ❻

用来搅拌鸡蛋、奶油或面糊等材料，常搭配钢盆使用。

电动搅拌机 ❼

搅拌打发及拌匀材料时使用的工具，既省时又省力。一般家庭烘焙常用的电动搅拌机有桌上型和手持式两种。

不锈钢盆 ❽

不锈钢盆有多种规格，作为打蛋、盛装及混合食材的容器使用。圆底无死角的盆底设计，方便材料的搅拌或打发。

网筛 ❾

有粗细网孔之分，主要用于过筛粉类，避免因结粒而拌不匀，常用于过滤液体，去除杂质和气泡，让成品质地细腻。

刮板 ❿

刮板有塑料和不锈钢等材质。塑料刮板适用于混合或抹平面糊、刮净搅拌器及修饰表面鲜奶油等；不锈钢制的切面刀多用于切拌混合面团，以及切割和整形等。

塑料刮刀 ⓫

用于拌匀材料或搅拌面糊，不易造成消泡，也能避免因过度搅拌而出现出面筋的情形。因其弹性佳，还能将沾在容器内的材料轻松刮下。

烘焙时使用的工具

各式模具 ⑫

　　烤焙用的模具有多种材质和造型,可供烘烤蛋糕或制作慕斯使用。

烤盘用纸(布) ⑬

　　是铺垫在烤盘上,以免食材与烤盘直接接触的垫纸(或垫布)。常见的有白色半透明状的烘焙纸、浅咖啡色可重复清洗使用的烤盘布,以及特殊材质的硅胶烤焙垫等。

温度计 ⑭

　　熬煮糖浆、熔化巧克力或面团发酵时,必须准确掌握温度的变化,此时可用烘焙专用温度计来测量。

凉架 ⑮

　　用来放置刚出炉的蛋糕或饼干。架上有脚,架身网圈间隔较疏,防止蒸汽或热气积在蛋糕底部,凝结成水汽,有助于水分的散发及成品的冷却。

烤盘油 ⑯

　　制作糕点时,在烤模上喷洒少量烤盘油,能有效防粘。

整形、组合或装饰用工具

擀面杖 ⑰

　　有各种长度及粗细尺寸,主要用于面团的擀平和整形。常见的擀面杖有直形及带把手的等样式。

毛刷 ⑱

　　主要用于蘸取材料涂刷成品表面,以增加光泽或防止水分流失。例如,涂刷蛋黄和糖浆等,也可用来为模具刷油,以方便脱模。

挤花袋和花嘴 ⑲

　　塑料材质的圆锥形挤花袋,可搭配各式花嘴,挤出各种花样,用来做造型或装饰;也可以装入湿软的面糊,用于西点制品的造型,如泡芙和小西饼等。可用烤焙纸直接折制,非常方便。

抹刀 ⑳

　　圆角、无锐利刀锋的抹刀,主要用于为西点蛋糕涂抹鲜奶油或霜饰。

锯齿刀 ㉑

　　带锯齿状凹槽,主要用于切面包与西点,让成品有整齐漂亮的切口。

喷枪 ㉒

　　可用来烧炙焦化糕点表面,也是帮助慕斯和起司蛋糕脱模的好帮手。

尺 ㉓

　　整形时,用来量制品的大小,切割时也可辅助使用。

在家里也能轻松制作各种美味的起司甜点，下面配合图片介绍基本制作诀窍，让您掌握美味的关键技巧。

掌握起司蛋糕的成功关键
How to whisk 打发起泡法

奶油搅拌打发的状态该如何判断？蛋白霜和鲜奶油打发究竟应搅拌至怎样的程度？搅拌打发的主要目的就是让空气能进入材料中，使成品拥有蓬松柔软的口感，以下分解的细致操作，可让您更快速地掌握关键技巧。

蛋白打发

1 将塔塔粉和盐放入钢盆中，再加入蛋白。

2 搅拌至出现细小的泡沫，加入1/3量的细砂糖，搅拌至三四分发。

3 分两三次加入余下的细砂糖。

4 搅拌至七八分发。

5 打发至纹路明显且颜色雪白，拿起搅拌器，钩起的蛋白霜尾端呈弯曲状，即为九分发。

6 继续搅拌，拿起搅拌器，钩起的蛋白霜呈尖端挺立状，即为全发。

全蛋打发

1 将蛋黄与细砂糖混合搅打至呈乳白色，用搅拌器捞起的泡沫会滴落流下。

2 继续搅拌，泡沫呈均匀细致的光滑状，用搅拌器捞起泡沫，泡沫浓稠，会缓缓顺势滴落。

3 搅拌至浓稠状，表示打发完成，可以与其他材料混合。

奶油打发

将软化的奶油拌打至体积膨大松发，颜色乳白。

加入细砂糖，搅拌至细砂糖完全溶化。

质地细致且光滑，拿起搅拌器时，奶油不会滴落即可。

鲜奶油打发

将动物性鲜奶油装入钢盆中，下方垫着装冰块的容器，再加入细砂糖搅拌。

顺着同一方向，搅拌至质地细腻，拿起搅拌器，奶油滴落时没有明显的线条(六分发)。

搅拌至拿起搅拌器，奶油滴落时出现略明显的线条(七分发)。

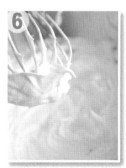

继续搅拌，直至质地接近半固体状态，拿起搅拌器，奶油滴落时会出现明显的线条(八分发)。

鲜奶油的质地呈固体状，搅打的表面会出现细致的纹路(九分发，动物性鲜奶油建议打发至此状态)。

继续搅拌至全发，拿起搅拌器时，尖端的鲜奶油呈硬挺状，若再搅打会出现油水分离现象(植物性鲜奶油可搅打至全发状态)。

起司蛋糕完整脱模与正确切法

无论是烤焙式蛋糕还是慕斯类蛋糕，想要呈现完美的外形，
两大诀窍——脱模与正确切法，一定要掌握。

慕斯蛋糕的脱模

毛巾热敷法

用热毛巾围绕模具或慕斯模框外壁，热敷片刻
再将模具向下拉，蛋糕体向上推出，就能轻松
脱模了。

热源温热法

用喷枪或家用吹风机围着模具或慕斯模框外壁加热
片刻，让模具外壁温度略升高，再将模具向下拉，
蛋糕体向上推出，就能快速脱模。

蛋糕类切片技法

热水浸泡法

将锯齿刀(或不锈钢刀)用热水浸泡。

取出用干布稍微擦干。

将起司蛋糕体平放在台面上，切分蛋糕。

每切一刀都要先泡热水、擦干，再下刀。

火烤热刀法

将刀面用火来回均匀烤过（没有喷枪，可用煤气炉代替）。

用火烤过的锯齿刀或不锈钢刀切分起司蛋糕。

每切一刀都要再重复火烤的步骤，再下刀。

Baking Point

[最适用的刀具]

★切蛋糕的刀具，原则上不锈钢刀、水果刀或小切刀均可，不建议使用塑料锯齿刀，因刀面易粘蛋糕屑，会破坏切面的完整。

切蛋糕的完美比例

最常见8等分美味比例

4刀搞定：从正中央下第一刀，呈十字形切第二刀，然后在十字线的两侧分别切第三与第四刀，将蛋糕均分成8等份。

美·味·诀·窍

★小块变化比例

切成大方形：可将圆形蛋糕先切成最大的方形，再将方形蛋糕等份切成小块并摆盘。

切下的周边可再切成小块，堆叠在透明的造型杯皿中，用新鲜水果或打发鲜奶油点缀，就成了创意杯子点心。

切片蛋糕摆盘法

切蛋糕。

将刀面平放，从这块蛋糕底部的中央处轻轻移入，作为支撑托底。

一手呈夹握状，将拇指与食指放在切片蛋糕最宽的两边，再将蛋糕平移至盘中即可。

成功制作起司蛋糕的小秘诀

起司蛋糕的做法简单，只要将材料依序混合并搅拌均匀，做好基底，拌好面糊，就能轻松完成。掌握了以下重点，并轻松应用于各类起司蛋糕制作中，就能避免失败。

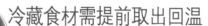

秘诀 1

粉料过筛，让面糊质地更均匀

将粉类材料过筛，除了能有效筛除掺混于其中的杂质异物，并将因接触空气形成的颗粒打散之外，还可以混入空气，让粉料的质地均匀蓬松，与其他材料混拌时才会柔滑均匀。

秘诀 2

冷藏食材需提前取出回温

制作起司蛋糕的主要材料——奶油乳酪必须冷藏保存，它的质地较硬，若从冰箱中取出直接使用，不仅不易打发，也不利于与其他材料拌匀。因此制作之前，需将它先从冰箱中取出，放在室温下待其回温软化，不仅容易搅拌均匀，拌好的起司糊也会更细致，入口即化。另外，其他需要低温冷藏保存的材料，如鸡蛋、乳制品和果汁等，低温状态下同样不易与油质融合，使用时也要提前取出，待稍回温后使用，才有利于拌和，达到满意的效果。

秘诀 3

面糊过筛，起司蛋糕质地更细致滑润

搅拌后，若面糊里还有奶油起司、鸡蛋或粉类材料等小颗粒，为了让蛋糕的质地细致滑润，就必须用网筛过滤。无论是烤焙式还是冷藏式起司蛋糕，面糊过筛都是不可或缺的步骤。

秘诀 4

这样拌明胶可预防结块

制作冷藏式的慕斯蛋糕时，少不了明胶这个重要的凝结材料。搅拌时，若直接将泡软的明胶加入黏稠的面糊里，很容易出现结块的情况。这时，最好将泡软的明胶放入温热的牛奶中拌匀，再与面糊混合，如此才易与面糊混合均匀，从而产生细致滑润的口感。

秘诀 5

美味口感大不同的烤焙方法

　　起司蛋糕最常见的烤焙方法除了直接烤焙，还有隔水蒸烤的水浴法。所谓水浴法，是将待烤的面糊放入加水的烤盘内，采用隔水蒸烤的方式（过程中若水分烤干可再酌量补充热水），这样烤好的起司蛋糕口感比较湿润。著名的纽约起司蛋糕，就是采用水浴法烘烤的。

秘诀 6

覆盖铝箔纸，防止表面焦化

　　烤焙温度和时间需视产品的性质和条件而定，因为每个品牌的烤箱功能不同，烘烤的结果也不尽相同，因此最好先熟悉自家烤箱的状态，再作适当的调整，避免出现表面色泽过焦或着色不足的问题。烘烤过程中为防止表面烤得太焦，可在蛋糕表面覆盖一层铝箔纸遮挡。

秘诀 7

轻松脱模，美味不走样

　　无论是烤焙式还是冷藏式起司蛋糕，如果想将蛋糕完整地从烤模中取出，就必须掌握"先让蛋糕边缘软化"这个小诀窍。用热毛巾包裹模型周围，热敷片刻，让紧粘在模具上的蛋糕边缘开始软化，再将蛋糕连同模型放在比模具高的器物上面，用手扶着周围并推出，就能轻松取出蛋糕了。若是烤焙式起司蛋糕，底部粘得比较牢时，也可以放在煤气炉上方，用炉火略微烤一下（或用喷枪略烤），让饼干的奶油稍稍熔化，就能轻松取出蛋糕了。一定要注意：模具受热会变烫，一定要做好防烫伤的保护。

★用毛巾包裹热敷片刻或用喷枪略烤，均可顺利脱模。

保存方法与保鲜期

Memo

　　一次吃不完的起司蛋糕，只要妥善保存，不要放在高温或阳光照射的地方，就可以保持起司蛋糕的美味。保存时，可装入密封袋（或保鲜盒、纸盒及木盒内），放入冰箱冷藏，至少可以保鲜3~4天，美味不减。另外，也可以切成小块，分别用保鲜膜（或铝箔纸）包好，放入冰箱冷冻。食用时，放入冰箱冷藏室解冻后食用，别有一番风味。

美味起司蛋糕的表层变化

除了璀璨闪亮的烘焙色泽、自然的裂痕及层次口感的重叠外，柔润湿软的起司蛋糕也能巧妙地与其他元素融合，形成极具奢华感的诱人西点。

霜饰及用三角刮刀造型

★用三角刮刀或叉子在抹好霜饰的蛋糕表面划出纹路。

淋酱纹路造型

★将果泥或淋酱淋在蛋糕表面，再用竹扦划过，即可形成纹路。

巧克力片造型

★将巧克力刨成片，点缀在蛋糕表面，也可用巧克力饰片装饰。

水果造型

★用水果做造型，如草莓、蓝莓、覆盆子和红醋栗等。

巧克力玫瑰花饰

用筷子作为造型支撑工具，将软质巧克力以螺旋方式绕出花心部分。

顺着螺旋状花心，由上而下层层相叠，挤出波浪状的花瓣。

取下，即成巧克力玫瑰花。

放在蛋糕表面，在周围挤出缎带线条。

三角袋中装入软质巧克力，由两侧剪出斜刀口，在巧克力花朵边挤出叶片。

其他造型

★用打发鲜奶油做花样造型（需搭配挤花袋和花嘴）。

★用薄荷或百里香等香草点缀。

★用饼干屑或坚果碎在底部围边装饰。

★在蛋糕表面撒上防潮糖粉装饰。

美味的起司蛋糕，除了浓郁的起司香味之外，底部软绵或酥脆的底层口感变化，也是让许多人爱上它且欲罢不能的因素。这里为您介绍几种基础蛋糕底，让您完全掌握实用要诀，轻松应用于所有类型的起司蛋糕。

5种起司蛋糕底层做法及运用

分解步骤>>

1
饼干底

1 将消化饼装入塑料袋中，用擀面杖敲碎，上下来回滚压，将饼干压成细末。

2 将含盐奶油隔水加热至熔化。

3 将含盐奶油加入饼干末中。

材 料
消化饼300g
含盐奶油150g

4 用擀面杖充分混匀。

5 装入模具中。

6 用汤匙背铺平并压紧实。

适合作为底部的饼干种类

甜度低的饼干比较适合制成蛋糕底层。若使用夹心类饼干，要先去除夹馅，再压碎使用。

★奥利奥饼干

★消化饼

★奇福饼

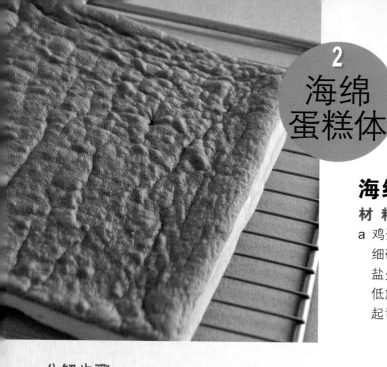

2 海绵蛋糕体

海绵蛋糕

材 料（方形烤盘）

a	鸡蛋550g	b	鸡蛋80g
	细砂糖280g		蜂蜜50g
	盐少许		色拉油250g
	低筋面粉300g		牛奶215g
	起司粉20g		奶油起司120g

分解步骤>>

将材料a中的鸡蛋、细砂糖和盐搅拌打发。

加入混合过筛的低筋面粉和起司粉。

用刮板轻拌混匀。

将材料b混合并搅拌均匀。

将拌匀的材料b分数次慢慢加入材料a中，搅拌均匀后即成蛋糕面糊。

将蛋糕面糊倒入铺好烤焙纸的烤盘内。

抹平表面，送入已经预热的烤箱中，以上火200℃、下火130℃烤约20分钟即可。

分解步骤>>

将柑橘果泥和色拉油混合拌匀。

加入混合过筛的低筋面粉和玉米淀粉拌匀。

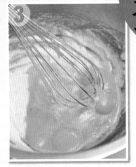

分数次加入打散的蛋黄。

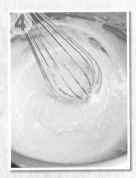

拌匀即成蛋黄面糊。

将蛋白、盐和塔塔粉搅打至略起泡且有纹路。

分数次加入细砂糖，拌打至约九分发，即成蛋白霜。

取1/3量的蛋白霜，加入蛋黄面糊中轻混拌匀，再加入余下的蛋白霜拌匀。

将拌匀的蛋糕面糊倒入铺好烤焙纸的模型内。

连模重敲台面，震出面糊中的空气，放入已经预热的烤箱中，以上火180℃、下火150℃烤约20分即可。

柑橘戚风蛋糕

材 料（方形烤盘）

a蛋黄面糊

蛋黄100g

色拉油75g

柑橘果泥65g

低筋面粉65g

玉米淀粉20g

b蛋白霜

蛋白165g

细砂糖90g

塔塔粉1/8小匙

盐1/8小匙

派皮

分解步骤>>

1 将蛋黄、鸡蛋、细砂糖和盐搅拌均匀，再加入过筛的低筋面粉拌匀。

2 加入含盐奶油，搅拌成小颗粒状，再慢慢加水，拌匀成团。

3 将面团装入塑料袋中包好，放入冰箱冷藏，醒约2小时。

材料（中型挞模）

含盐奶油80g
蛋黄20g
鸡蛋60g
细砂糖10g
低筋面粉275g
盐5g
水30g

4 取出面团略擀平，搓揉成长条状，再分割成重约90g的小面团。

5 将小面团擀压成厚薄一致的面皮。

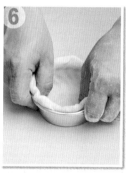

6 铺入模型内，沿着模型边缘压紧并贴合。

7 用刮板整形，修去边缘多余的面皮。

8 表面用叉子均匀地扎出小洞，送入已经预热的烤箱中，以上火210℃、下火210℃烤30~35分钟即可。

分解步骤>>

将含盐奶油和糖粉搅拌均匀，至颜色呈乳白色且质地为绒毛状。

将鸡蛋打散，分数次加入奶油中拌匀（每次都要搅拌至蛋液被完全吸收，再继续加入）。

加入混合过筛的低筋面粉、杏仁粉和玉米淀粉，拌匀成团。

材 料（圆形挞模）

含盐奶油200g

糖粉90g

鸡蛋1个

低筋面粉300g

杏仁粉25g

玉米淀粉15g

将面团包入干净的塑料袋（或保鲜膜）中，用擀面杖压平，放入冰箱冷藏，醒约10分钟。

取出，略擀压后搓成长条状。

用刮板分切成重约35g的小面团。

用手略压扁。

铺入模型内。

用刮板沿着模型边缘去除多余的部分，底部略压平。

表面用叉子均匀地扎出小洞，送入已经预热的烤箱中，以上火150℃、下火150℃烤约15分钟即可。

8种美味起司蛋糕淋酱

想要尝尝带点奢华味道的美味变化吗？利用简单的材料，就可以制作出不同风味的速配好酱，浇淋、搭配或装饰都很适合。做法非常简单，绝对会让人一试就着迷。

A 青苹果酱

材料

无盐奶油100g
水100g
牛奶100g
细砂糖200g
鸡蛋3个
青苹果香料适量

做法

1 将无盐奶油、水和牛奶煮沸后离火。

2 将细砂糖、鸡蛋和青苹果香料拌匀，再加入步骤1的材料，隔水加热并拌煮至浓稠即可。

B 柠檬酱

材料

无盐奶油100g
柠檬汁200g
细砂糖200g
鸡蛋3个

做法

1 将无盐奶油和柠檬汁煮沸（无盐奶油完全溶化）。

2 将细砂糖和鸡蛋搅拌均匀，再加入步骤1的材料，隔水加热并拌煮至浓稠即可。

C 蓝莓酱

材料

无盐奶油100g
蓝莓果泥200g
细砂糖160g
鸡蛋3个

做法

1 将无盐奶油和蓝莓果泥煮沸。

2 将细砂糖和鸡蛋拌匀，再加入步骤1的材料，隔水加热并拌煮至浓稠即可。

D 咖啡酱

材料

无盐奶油100g
水200g
细砂糖200g
鸡蛋3个
咖啡粉50g

做法

1 将无盐奶油和水煮沸。

2 将细砂糖和鸡蛋拌匀，加入咖啡粉拌匀，然后放入步骤1的材料，隔水加热并拌煮至浓稠即可。

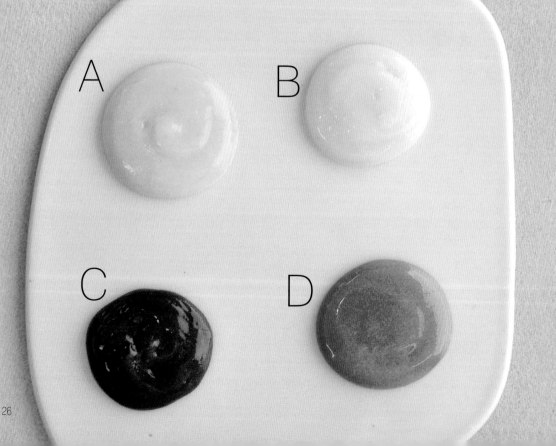

E 芋泥酱

材料
无盐奶油100g
水200g
细砂糖180g
鸡蛋3个
芋泥香料适量

做法
1 将无盐奶油和水煮沸。
2 将细砂糖和鸡蛋搅拌均匀，再加入芋泥香料拌匀，然后放入步骤1的材料，隔水加热并拌煮至浓稠即可。

F 草莓酱

材料
无盐奶油100g
草莓果泥200g
细砂糖160g
鸡蛋3个
草莓香料少许

做法
1 将无盐奶油和草莓果泥煮沸。
2 将细砂糖和鸡蛋搅拌均匀，再加入草莓香料拌匀，然后加入步骤1的材料，隔水加热并拌煮至浓稠即可。

G 抹茶酱

材料
无盐奶油100g
水200g
细砂糖180g
鸡蛋3个
抹茶粉50g

做法
1 将无盐奶油和水煮沸（无盐奶油完全溶化）。
2 将细砂糖和鸡蛋搅拌均匀，再加入过筛的抹茶粉拌匀，然后加入步骤1的材料，隔水加热并拌煮至浓稠即可。

H 巧克力酱

材料
水45g
细砂糖30g
动物性鲜奶油60g
巧克力180g

做法
1 将水、细砂糖和动物性鲜奶油煮沸。
2 加入切碎的巧克力搅拌均匀，煮至溶化即可。

烤焙式
起司糕点

烤焙式起司蛋糕多以奶油起司为基本材料，添加的材料不复杂。铺好底层后，只要将细砂糖和奶油起司搅拌均匀，再依序加入其他材料混合拌匀，用网筛过滤后，柔滑质地的起司面糊就大功告成了。最后只要放入烤箱直接烘烤，就可以完成众所周知、带有浓浓乳香的起司蛋糕了。若以隔水的方式烤焙，起司蛋糕的质地会更细致、滑嫩且湿润。不同的烤焙方式，不同的底层材料，会有截然不同的美妙口感。不可思议的简单美味，这就是起司蛋糕无法抵挡的魔力！

Try it

材 料 Ingredients

a 奶油起司 ·············250g
牛奶 ·················250g
无盐奶油 ·············225g
低筋面粉 ·············38g
玉米淀粉 ·············75g
蛋黄 ·················375g
蜂蜜 ·················50g
b 蛋白 ·················375g
细砂糖 ···············200g
塔塔粉 ···············1/4小匙
盐 ···················1/8小匙

金砖蜂蜜起司蛋糕

分量|烤盘1盘（长30cm、宽30cm、高约6cm）
美味保鲜期|冷藏保存约3天

做 法 Methods

蛋糕体

1 将奶油起司、牛奶和无盐奶油隔水加热至溶化，温度为60~70℃，略降温至约50℃。

2 将低筋面粉和玉米淀粉混合过筛，加入步骤1的材料中拌匀，搅拌至无颗粒状态后，分数次加入蛋黄拌匀，再加入蜂蜜拌匀，即成蛋黄面糊。

3 将蛋白、盐和塔塔粉搅打至略起泡且有纹路，再分数次加入细砂糖，打至湿性发泡（约九分发）。

4 取1/3量打发的蛋白霜加入蛋黄面糊中轻混拌匀，再加入余下的蛋白霜拌匀，即成蜂蜜起司面糊。

5 将蜂蜜起司面糊倒入模型中，放入烤盘中（烤盘中需加入冷水，约0.5cm高），移入已经预热的烤箱中，以上火180℃、下火150℃隔水烤10~15分钟。若表面上色，可关闭上火，以下火150℃再烤20~30分钟（单一火烤法：单一火全开170℃，放在中间格烤50分钟）。

装饰

将烙印模型火烤加热，然后印在蛋糕表面，烙出纹路即可。

美味
诀窍
Point

★烘烤时，如果表面已上色，但未烤熟，可关闭上火，以下火150℃再烤20~30分钟即可。
★制作起司面糊时温度很重要，如果太冷容易消泡，太热则容易结粒。

烤焙式

风味款
Cheese Cake

法式欧普起司蛋糕

分量|烤盘1盘（长30cm、宽20cm、高约5cm）
美味保鲜期|冷藏保存约3天

🍮 材 料 Ingredients

蛋糕体

a 无盐奶油……112g
　牛奶…………70g
　低筋面粉……110g
　玉米淀粉……25g
　蛋黄…………130g
　鸡蛋…………50g
b 蛋白…………250g
　细砂糖………150g
　盐…………1/4小匙

　塔塔粉……1/4小匙

装饰

奶油起司……200g
细砂糖………60g
蛋黄…………40g
软质巧克力……50g
金粉…………适量
巧克力玫瑰花……2朵

🍮 做 法 Methods

蛋糕体

1 将牛奶和无盐奶油隔水加热至60~70℃(图1)，待无盐奶油溶化后，加入蛋黄拌匀，降温至约50℃。

2 将低筋面粉和玉米淀粉混合过筛，加入步骤**1**的材料中拌至无颗粒状(图2、图3)，将鸡蛋打散，分数次加入面糊中拌匀(图4、图5)。

3 将蛋白、盐和塔塔粉搅打至略起泡且出现纹路(图6)，再分数次加入细砂糖(图7)，打至约九分发(图8)。

4 取1/3量的蛋白霜加入蛋黄面糊中拌匀(图9)，再加入余下的蛋白霜拌匀(图10)。

5 将面糊倒入铺好烤焙纸的模型内(图11)，再放入烤盘中(烤盘中注入0.5cm深的冷水，图12)，移入已经预热的烤箱，以上火180℃、下火150℃隔水烤约30分即可(单一火烤法：单一火全开165℃，放在中间格，烤约40分钟)。

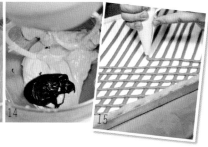

装饰

1 将软化的奶油起司与细砂糖混合打发至呈乳白色，然后分数次加入蛋黄拌匀(图13)，倒入加热至软化的软质巧克力拌匀(图14)。

2 将步骤**1**的材料装入挤花袋中，在起司蛋糕上挤出斜线纹路(图15)，略烤后取出，放上巧克力花，再喷上金粉即可(图16)。

美味诀窍 Point

★将起司蛋糕体放入烤箱烤3~5分钟，再挤上表面装饰，这样不易下沉。

★巧克力玫瑰花的做法参见第20页。

烤焙式　　**风味款**
Cheese Cake

古典巧克力起司蛋糕

分量|4英寸圆形模2个
美味保鲜期|冷藏保存约3天

🍮材 料 Ingredients

蛋糕体

a 苦甜巧克力……125g
　动物性鲜奶油··110g
　含盐奶油………100g
　奶油起司………100g

b 蛋黄……………110g
　糖粉………………35g
　炼乳………………25g
　蜂蜜………………25g
　白兰地…………10g
　低筋面粉………45g
　可可粉…………60g

c 蛋白……………110g
　细砂糖…………140g

装饰

防潮糖粉………… 适量
巧克力饰片……… 适量
烟卷巧克力……… 适量

🍮做 法 Methods

蛋糕体

1 将苦甜巧克力、动物性鲜奶油、含盐奶油和奶油起司倒入容器中，用小火隔水加热至所有材料熔化（约40℃）。

2 将蛋黄和糖粉搅拌打发至呈乳白色，再加入炼乳和蜂蜜搅拌均匀。

3 将步骤**2**的材料加入步骤**1**的材料中混合拌匀，再加入白兰地及混合过筛的低筋面粉和可可粉搅拌均匀。

4 将细砂糖分数次加入蛋白中，搅拌至湿性发泡(约六分发)，再取1/3量的蛋白霜与步骤**3**的材料混拌均匀，加入余下的蛋白霜拌匀即可。

5 将拌匀的面糊倒入喷过烤盘油的模型内，约至八分满。

6 送入已经预热的烤箱中，以上火180℃、下火100℃烤约20分钟。然后关上火，以下火100℃再烤约25分钟即可（单一火烤法：单一火全开150℃，放在中间格，烤约50分钟）。

装饰

1 在起司蛋糕表面筛上防潮糖粉。

2 放上巧克力饰片和烟卷巧克力即可。

食材 *Memo*
　苦甜巧克力呈深黑色，风味浓郁，浓醇柔顺，有迷人且强烈的口感，可用于制作各式西点。

美味诀窍 *Point*
★蛋白霜中因为没有加入塔塔粉，打发性会差一点，所以细砂糖需提早加入打发，而打发后需迅速与面糊拌匀，才不会消泡。

风味款
Cheese Cake

咖啡香榭起司蛋糕

分量|中空圆形模型约24个
美味保鲜期|冷藏保存约3天

材料 Ingredients

蛋糕体

a 奶油起司⋯⋯⋯380g
　牛奶⋯⋯⋯⋯⋯300g
　无盐奶油⋯⋯⋯90g
　蛋黄⋯⋯⋯⋯⋯120g
　低筋面粉⋯⋯⋯45g
　玉米淀粉⋯⋯⋯45g
　咖啡粉⋯⋯⋯⋯50g
b 蛋白⋯⋯⋯⋯⋯240g
　细砂糖⋯⋯⋯⋯135g
　塔塔粉⋯⋯⋯1/4小匙
　盐⋯⋯⋯⋯⋯1/4小匙

装饰

打发鲜奶油⋯⋯⋯⋯适量
巧克力酱⋯⋯⋯⋯⋯适量
巧克力豆⋯⋯⋯⋯⋯适量

做法 Methods

蛋糕体

1. 将奶油起司、牛奶和无盐奶油隔水加热至60~70℃，待奶油起司溶化后，降温至约50℃。

2. 将低筋面粉、玉米淀粉和咖啡粉混合过筛，加入步骤1的材料中，拌匀至无颗粒状，再分数次加入蛋黄拌匀。

3. 将蛋白、盐和塔塔粉搅打至略起泡且有纹路，再分数次加入细砂糖，打至湿性发泡状态（约九分发）。

4. 取1/3量的蛋白霜加入步骤2的材料中轻混拌匀，再加入余下的蛋白霜拌匀。

5. 将蛋糕面糊倒入模型内，再放入烤盘中（烤盘中需倒入约0.5cm高的冷水），移入已经预热的烤箱中，以上火200℃、下火140℃隔水烤10~15分钟。若表面已上色，可关闭上火，以下火150℃烤10~15分钟即可（单一火烤法：单一火全开170℃，放在中间格，烤约30分钟）。

装饰

1. 挤花袋中装入适量巧克力酱，再装入打发鲜奶油，在蛋糕上挤出松鼠造型。

2. 在松鼠的胸前放上巧克力豆装饰即可。

松鼠造型挤法示范

将适量巧克力酱装入三角纸袋中。

装入打发的鲜奶油。

在蛋糕上挤出松鼠的尾巴。

在尾巴的前端挤出松鼠的身体。

在身体的上端挤出松鼠的头部。

挤出松鼠的脸和嘴形。

在身体的下方两侧挤出松鼠的双脚。

在身体的上方两侧挤出前爪。

在头部两侧挤出松鼠的耳朵。

另取小三角袋，装入巧克力酱，挤出松鼠的眼睛。

用巧克力酱挤出松鼠的鼻子即可。

樱花起司挞

分量 | 圆挞模约12个（直径9cm、高约3cm）
美味保鲜期 | 冷藏保存约3天

🍮材 料 Ingredients

挞皮

含盐奶油……………110g
糖粉…………………80g
鸡蛋…………………50g
起司粉………………20g
低筋面粉……………200g

起司馅

a 蛋黄…………………50g
　牛砂糖………………25g
　牛奶…………………250g
　玉米淀粉……………25g
　起司粉………………20g
　樱花香料……………3g
　香橙酒………………10g

b 蛋白…………………100g
　细砂糖………………50g
　塔塔粉………………1小匙

> **美味诀窍 Point**
> ★将挞皮拌好后，需醒5~10分钟，让粉类完全吸收水分，这样不易黏手，也好操作。

🍮做 法 Methods

挞皮

1 将含盐奶油和糖粉搅拌均匀，至颜色变白且质地呈绒毛状。

2 将鸡蛋打散，分数次加入步骤1的材料中拌匀（每次都要搅拌至蛋液被完全吸收，再加入余下的蛋液拌匀）。

3 加入混合过筛的低筋面粉和起司粉拌匀成团。

4 将面团用擀面杖压平，搓成长条状，再切成重约35g的小面团，用手略压扁，铺入模型中，沿着模型的边缘去除多余的面皮，底部略压平，用叉子扎出小洞。

起司馅

1 将蛋黄和细砂糖搅拌至呈乳白色(图1)，加入过筛的玉米淀粉拌匀(图2)。

2 将牛奶煮沸，冲入步骤1的材料中拌匀(图3)，再煮至浓稠状，然后加入起司粉、香橙酒及樱花香料(图4)。

3 将蛋白和塔塔粉搅打至略起泡且有纹路，分数次加入细砂糖，打至湿性发泡(约九分发)。

4 取1/3量的蛋白霜加入步骤2的材料中轻混拌匀，再加入余下的蛋白霜拌匀(图5)。

5 将起司馅装入铺好挞皮的模型内(图6)，送入已经预热的烤箱中，以上火150℃、下火180℃烤约25分钟即可(单一火烤法：单一火全开165℃，放在中间格，烤约30分钟)。

风味款
Cheese Cake

和风起司蛋糕

分量|边长为4英寸的正方形模型2个
美味保鲜期|冷藏保存约3天

材料 Ingredients

蛋糕体

a　含盐奶油………115g
　　牛奶………………60g
　　鸡蛋………………1个
　　玉米淀粉…………25g
　　低筋面粉………110g
　　蛋黄……………135g
b　蛋白……………235g
　　细砂糖…………160g
　　塔塔粉…………1小匙
　　盐………………1小匙

起司馅

a　奶油起司………250g
　　细砂糖…………15g
　　动物性鲜奶油…23g
　　玉米淀粉………10g
b　蛋白……………75g
　　细砂糖…………50g
　　塔塔粉……………1g
　　盐…………………1g

做法 Methods

蛋糕体

1 将含盐奶油和牛奶煮沸，熄火后加入鸡蛋，用打蛋器搅拌均匀。

2 将低筋面粉和玉米淀粉混合过筛，加入步骤1的材料中，搅拌均匀至无颗粒状，再分数次加入蛋黄搅拌均匀。

3 将蛋白、盐和塔塔粉搅打至略起泡且有纹路状，再分数次加入细砂糖，打至湿性发泡（约九分发）。

4 取1/3量的蛋白霜加入步骤2的材料中轻混拌匀，再加入余下的蛋白霜拌匀。

5 将蛋糕面糊倒入模型内，放入已经预热的烤箱中，以上火180℃、下火150℃烤约10分钟。若表面上色，可关闭上火，以下火150℃再烤约10分钟（单一火烤法：单一火全开165℃，放在中间格，烤约25分钟）。

6 将烤好的蛋糕体用模型压成与模型大小相同的块状，铺入模型中。

起司馅

1 将奶油起司和细砂糖搅拌至呈乳白色，再加入过筛的玉米淀粉拌匀，然后分数次加入动物性鲜奶油搅拌均匀。

2 将蛋白、盐和塔塔粉搅打至略起泡且有纹路，再分数次加入细砂糖，打至湿性发泡（约九分发）。

3 取1/3量的蛋白霜加入步骤1的材料中轻混拌匀，再加入余下的蛋白霜拌匀即可。

组合

1 将拌匀的起司馅倒入铺好蛋糕体的模型中。

2 移入已经预热的烤箱中，以上下火均160℃烤约40分钟（单一火烤法：单一火全开160℃，放在中间格，烤约50分钟）即可。

风味款
Cheese Cake

玫瑰香颂起司

分量|长方形模型2个（长14cm、宽10cm、高4.5cm)
美味保鲜期|冷藏保存约3天

材 料 Ingredients

饼干底

消化饼……………75g
含盐奶油…………20g

起司糊

奶油起司…………275g
细砂糖……………75g
玉米淀粉…………15g
柠檬汁………………5g
动物性鲜奶油………32g
原味乳酸饮料………32g
鸡蛋…………………2个
玫瑰花瓣…………适量

装饰

玫瑰花瓣…………7.5g
薄荷叶………………2片

做 法 Methods

饼干底

1 将消化饼压碎,加入隔水加热至熔化的含盐奶油拌匀。

2 装入模型中略压紧实,即成饼干底。

起司糊

1 将奶油起司和细砂糖搅拌至呈乳白色,再加入玉米淀粉拌匀。

2 将鸡蛋打散,分数次加入步骤1的材料中搅拌均匀(每次都要搅拌至蛋液被完全吸收,再加入余下的蛋液拌匀)。

3 加入柠檬汁、动物性鲜奶油和原味乳酸饮料拌匀,倒入铺好饼干底的模型中约八分满,再撒上玫瑰花瓣。

4 送入已经预热的烤箱中,以上火200℃、下火100℃烤约30分钟(单一火烤法:单一火全开185℃,放在中间格,烤约35分钟)。

装饰

1 取出起司蛋糕,分切成长条状。

2 撒上玫瑰花瓣和薄荷叶装饰即可。

美味诀窍 Point
★玫瑰花瓣需选用有机玫瑰花;未用完的要冷藏保存,才能保持新鲜。

烤焙式

水果款
Cheese Cake

覆盆子起司

分量 | 烤盘1盘（长30cm、宽20cm、高3cm）
美味保鲜期 | 冷藏保存约3天

材 料 Ingredients

饼干底

消化饼⋯⋯⋯⋯⋯300g
含盐奶油⋯⋯⋯⋯150g

起司糊

奶油起司⋯⋯⋯⋯⋯750g
细砂糖⋯⋯⋯⋯⋯160g
玉米淀粉⋯⋯⋯⋯⋯20g
蛋白⋯⋯⋯⋯⋯⋯100g
鸡蛋⋯⋯⋯⋯⋯⋯2个
动物性鲜奶油⋯⋯⋯50g
牛奶⋯⋯⋯⋯⋯⋯50g
君度橙酒⋯⋯⋯⋯10g
柠檬汁⋯⋯⋯⋯⋯10g
覆盆子果泥⋯⋯⋯⋯70g

装饰

镜面果胶⋯⋯⋯⋯适量
覆盆子果泥⋯⋯⋯适量
起司馅⋯⋯⋯⋯⋯适量

做 法 Methods

饼干底

1 将消化饼压碎，加入隔水加热至熔化的含盐奶油拌匀。

2 放入模型内略压紧实，即成饼干底。

起司馅

1 将奶油起司和细砂糖搅拌至呈乳白色，再加入过筛的玉米淀粉搅拌均匀。

2 将鸡蛋和蛋白打散，分数次加入步骤**1**的材料中拌匀（每次都要搅拌至蛋液被完全吸收，再加入余下的蛋液搅拌均匀）。

3 在步骤**2**的材料中加入动物性鲜奶油、牛奶和君度橙酒拌匀，再加入柠檬汁和覆盆子果泥拌匀，然后倒入已铺好饼干底的模型中，约八分满。

4 取装饰用覆盆子果泥与适量起司馅拌匀，在表面淋上覆盆子起司馅，用竹扦划出纹路。

5 放入烤盘中（烤盘中需倒入约0.5cm高的冷水，约500g），移入已经预热的烤箱中，以上火160℃、下火190℃隔水烤约35分钟（单一火烤法：单一火全开175℃，放在中间格，烤约40分钟）。

装饰

取出起司蛋糕，薄薄地刷上镜面果胶装饰即可。

美味诀窍 *Point*

★制作饼干底最好使用消化饼，质感会比较扎实；冷藏后用刀切时也会比较整齐。

水果款
Cheese Cake

香橙奶油起司蛋糕

分量|长方形水果条2条（长18cm、宽10cm、高约7cm）
美味保鲜期|冷藏保存约4天

材 料 Ingredients

糖渍橙片

细砂糖·················200g
水·····················200g
新鲜橙子···········20片

起司糊

奶油起司··········200g
含盐奶油··········180g
细砂糖·············215g
鸡蛋·················190g
泡打粉···············5g
低筋面粉··········210g
糖渍橙片·······适量

做 法 Methods

糖渍橙片

　　将细砂糖、水和新鲜橙片放入锅中，用小火熬煮至水分快收干(约10分钟)，糖渍入味(图1)后即可使用。

起司糊

1 将奶油起司、含盐奶油和细砂糖搅拌均匀至颜色变白，质地呈绒毛状。将鸡蛋略打散，分数次加入奶油中拌匀(图2、图3)。

2 将低筋面粉和泡打粉混合过筛，再加入步骤**1**的材料搅拌均匀(图4)。

3 加入100g切碎的糖渍橙片略拌(图5)，倒入铺好烤焙纸的模型中约至八分满，每条的表面铺上3片糖渍橙片(图6)。

4 送入已经预热的烤箱中，以上火180℃、下火150℃烤10~15分钟。上色后关闭上火，以下火150℃再烤20~25分钟即可(单一火烤法：单一火全开165℃，放在中间格，烤45~50分钟)。

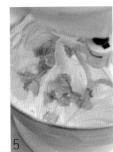

美味诀窍 Point

★蛋糕做好后，最好等完全冷却或冷藏一下再切片，这样不易松散。

★也可以在蛋糕表面烤至上色时，再铺上糖渍橙片，可防止橙片过焦。

烤焙式

水果款
Cheese Cake

曼波蓝莓起司挞

分量|圆形模型约12个（直径9cm、高3cm）
美味保鲜期|冷藏保存约3天

挞皮

糖粉	90g
含盐奶油	200g
鸡蛋	1个
低筋面粉	300g
杏仁粉	25g
玉米淀粉	15g

起司馅

奶油起司	500g
细砂糖	100g
君度橙酒	10g
蛋黄	100g
柠檬汁	10g
动物性鲜奶油	30g

装饰

蓝莓馅	100g
镜面果胶	适量
新鲜蓝莓	适量
薄荷叶	适量

做法 Methods

挞皮

1 将含盐奶油和糖粉搅拌均匀,至颜色变白且质地呈绒毛状(图1)。

2 将鸡蛋打散,分数次加入步骤**1**的材料中拌匀(每次都要搅拌至蛋液被完全吸收,再加入余下的蛋液拌匀)(图2)。

3 加入混合过筛的低筋面粉、杏仁粉和玉米淀粉(图3)拌匀成团,静置醒约10分钟。

4 将面团用擀面杖压平(图4),搓成长条状(图5),再分切成重约35g的小面团(图6),用手略压扁,铺入模型内(图7),沿模型边缘除去多余的面皮,底部略压平,用叉子均匀扎出小洞(图8)。送入已经预热的烤箱中,以上火150℃、下火150℃烤约15分钟即可(单一火烤法:单一火全开150℃,放在中间格,烤15~20分钟)。

起司馅

1 将奶油起司和细砂糖搅拌均匀,呈乳白色(图9)。

2 将蛋黄打散,分数次加入步骤**1**的材料中拌匀,再加入动物性鲜奶油拌匀(图10),然后倒入君度橙酒和柠檬汁拌匀,倒入烤至半熟的挞皮中(图11)。送入已经预热的烤箱中,以上火180℃、下火100℃烤约25分钟(单一火烤法:单一火全开150℃,放在中间格,约烤30分钟)。

装饰

在起司挞上抹上蓝莓馅(图12),放上新鲜蓝莓,再均匀地刷上镜面果胶,用薄荷叶装饰即可。

★将起司馅倒入挞皮中,淋上用蓝莓和起司馅混合制成的蓝莓馅(图13),用竹扦划出美丽的大理石纹路,以变化造型(图14)。

水果款
Cheese Cake

草莓雪果挞

分量|圆形模型12个（直径8cm、高约2.5cm）
美味保鲜期|冷藏保存约3天

材 料 Ingredients

挞皮

糖粉·····················90g
奶油起司··············50g
含盐奶油···········200g
蛋黄·····················1个
低筋面粉···········200g
杏仁粉·················25g
玉米淀粉·············15g

起司馅

奶油起司···········375g
细砂糖·················75g
玉米淀粉·············10g
蛋黄·····················75g
草莓酒·················10g

装饰

镜面果胶············适量
新鲜草莓············适量
打发鲜奶油·········适量
薄荷叶·················适量
开心果·················适量

美味诀窍 *Point*

★起司挞皮因为已先烤至半熟，所以在第二次烘烤时，下火的温度不能太高。若温度太高需多加一个烤盘，以免受热太快，导致起司挞皮烤焦。

做 法 Methods

挞皮

1 将含盐奶油、奶油起司和糖粉搅拌均匀，至呈乳白色且质地为绒毛状。

2 将蛋黄打散，分数次加入步骤**1**的材料中搅拌均匀(每次都要搅拌至蛋液被完全吸收，再加入余下的蛋液拌匀)。

3 加入混合过筛的低筋面粉、杏仁粉和玉米淀粉拌匀成团，静置醒约10分钟。

4 将面团用擀面杖压平，再用圆形模型压出重约15g的小挞皮，铺入模型中，连模送入已经预热的烤箱中，以上火150℃、下火150℃烘烤约15分钟即可(单一火烤法：单一火全开150℃，放在中间格，烤15~20分钟)。

起司馅

1 将奶油起司和细砂糖搅拌至呈乳白色，再加入过筛的玉米淀粉拌匀。

2 将蛋黄打散，分数次加入步骤**1**的材料中搅拌均匀，再加入草莓酒拌匀，然后倒入烤至半熟的挞皮中。

3 送入已经预热的烤箱中，以上火210℃、下火120℃烤约25分钟即可(单一火烤法：单一火开上火180℃，放在中间格，烤约25分钟)。

装饰

1 在烤好的起司挞表面挤上打发的鲜奶油。

2 放上新鲜草莓，再均匀地刷上镜面果胶，然后点缀薄荷叶和开心果即可。

水果款
Cheese Cake

百香起司蛋糕

分量|中空小挞模16个（直径8cm、高约2.5cm）
美味保鲜期|冷藏保存约3天

材料 Ingredients

蛋糕体

a 蛋黄……………100g
   牛奶……………65g
   色拉油…………75g
   低筋面粉………75g
   玉米淀粉………20g
   泡打粉………1/4小匙
   香草精…………5g
b 蛋白……………200g
   细砂糖…………110g
   盐………………少许
   塔塔粉…………少许

百香起司馅

a 奶油起司………500g
   细砂糖…………40g
   蛋黄……………50g
   玉米淀粉………10g
   动物性鲜奶油…45g
   新鲜百香果泥…60g
b 蛋白……………120g
   细砂糖…………60g

装饰

镜面果胶…………适量
薄荷叶……………适量
百香果皮…………适量

美味诀窍 Point

★百香果是酸性水果，需加热至50℃以上，以破坏它的酸度。如此一来，当起司和百香果泥拌匀时，才能中和它的酸味。

做法 Methods

蛋糕体

1 将牛奶和色拉油混合，再加入混合过筛的低筋面粉、玉米淀粉和泡打粉搅拌均匀，然后分数次加入打散的蛋黄拌匀，再加入香草精拌匀。

2 将蛋白、盐和塔塔粉搅打至略起泡且有纹路，再分数次加入细砂糖，打至湿性发泡(约九分发)。

3 取1/3量蛋白霜加入蛋黄面糊中轻混拌匀，再加入余下的蛋白霜拌匀。

4 将拌匀的蛋糕面糊倒入模型内，放入已经预热的烤箱中，以上火180℃、下火150℃烤约18分钟(单一火烤法：单一火全开175℃，放在中间格，烤约20分钟)。

百香起司馅

1 将奶油起司和细砂糖混合拌打至呈乳白色，加入过筛的玉米淀粉拌匀，然后分数次加入蛋黄拌匀，再加入动物性鲜奶油和新鲜百香果泥搅拌均匀。

2 将蛋白与细砂糖搅打至约八分发。

3 取1/3量蛋白霜加入步骤1的材料中轻混拌匀，再加入余下的蛋白霜拌匀。

4 倒入模型内，放入烤盘中(烤盘中需倒入冷水约0.5cm高)，移入已经预热的烤箱中，以上火180℃、下火100℃隔水烤约20分钟。关闭上火，以下火100℃烤约20分钟即可(单一火烤法：单一火全开175℃，放在中间格，烤约35分钟)。

组合与装饰

1 将蛋糕体用模型压成直径约8厘米的圆片。

2 在烤好的百香起司馅上铺上蛋糕片，送入冰箱冷冻1~2小时，取出后脱模，再刷上镜面果胶，放上切成细丝的百香果皮及薄荷叶装饰即可。

橙香起司蛋糕

分量|半圆形长条慕斯模型2条
（长28cm、宽5.5cm、高约4.5cm）
美味保鲜期|冷藏保存约3天

材料 Ingredients

柑橘戚风蛋糕

a 蛋黄·················100g
　色拉油·················75g
　柑橘果泥·············65g
　低筋面粉·······65g
　玉米淀粉·············20g
b 蛋白·················165g
　细砂糖·················90g
　塔塔粉···········1/8小匙
　盐···············1/8小匙

橙香起司馅

奶油起司·········320g
细砂糖·············50g
鸡蛋·················85g
含盐奶油·············10g
玉米淀粉·············15g
柑橘果泥·············60g
君度橙酒·············12g
橙皮末·················50g

装饰

金橘块·················适量
打发鲜奶油·········适量
防潮糖粉·············适量
薄荷叶·················适量

做 法 Methods

柑橘戚风蛋糕

1 将柑橘果泥和色拉油混合拌匀，再加入混合过筛的低筋面粉和玉米淀粉拌匀(图1)，然后分数次加入打散的蛋黄(图2)拌匀，即成蛋黄面糊(图3)。

2 将蛋白、盐和塔塔粉搅打至略起泡且有纹路，分数次加入细砂糖，打至湿性发泡(约九分发)，即成蛋白霜。

3 取1/3量蛋白霜加入蛋黄面糊中轻混拌匀，再加入余下的蛋白霜拌匀(图4)。

4 将蛋糕面糊倒入铺好烤焙纸的模型内(图5)，连模重敲台面，震出其中的空气(图6)，放入已经预热的烤箱中，以上火180℃、下火150℃烤约20分钟(单一火烤法：单一火全开165℃，放在中间格，烤约20分钟)。

橙香起司馅

1 将放在室温中软化的奶油起司与细砂糖打发至呈乳白色(图7)，再加入过筛的玉米淀粉拌匀，然后倒入隔水加热至熔化的含盐奶油拌匀(图8)。

2 分数次加入打散的鸡蛋搅拌均匀，再加入君度橙酒、柑橘果泥和橙皮末拌匀（图9）。

3 片去柑橘戚风蛋糕表面上色部分(图10)，裁切成长28cm、宽11.5cm、高0.5cm的蛋糕体，铺入半圆形的模型中(图11)，再倒入橙香起司馅（图12），表面盖上锡箔纸（图13），放入烤盘中（烤盘中需倒入冷水约0.5cm高），送入已经预热的烤箱中，以上火180℃、下火150℃隔水烤约30分钟。

4 取出，表面再盖上一层柑橘戚风蛋糕（长28cm、宽5.5cm（图14、图15）。

装饰

　　将蛋糕切成小块，表面挤上打发鲜奶油，摆放金橘块和薄荷叶，再撒上防潮糖粉装饰即可。

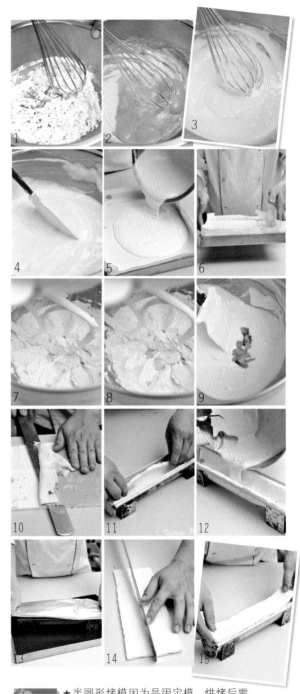

1 2 3 4 5 6 7 8 9 10 11 12 13 14 15

美味诀窍 *Point*

★ 半圆形烤模因为是固定模，烘烤后需要冷却，放入冰箱冷冻约2小时以上方可脱模，这样才能防止变形。

★ 烘焙时，可在表面盖上锡箔纸，以避免过焦。

烤焙式

水果款
Cheese Cake

菠萝起司蛋糕

分量|椭圆形模约48个
美味保鲜期|冷藏保存约3天

✤ 材 料 Ingredients

起司糊

奶油起司…………700g
细砂糖……………150g
原味酸奶…………60g
鸡蛋………………4个
低筋面粉…………35g
玉米淀粉…………40g
动物性鲜奶油……120g
菠萝果泥…………120g

装饰

镜面果胶…………适量
新鲜菠萝…………适量

食材 *Memo*

酸奶是牛奶经乳酸菌发酵制成，质地浓郁滑顺，带有独特的乳酸香味，无论涂抹面包、代替奶油和奶油起司使用，还是用于料理、制作酱汁以增香提味，都很适合。

✤ 做 法 Methods

起司糊

1 将奶油起司和细砂糖搅拌至呈乳白色，再加入混合过筛的低筋面粉和玉米淀粉搅拌均匀。

2 将鸡蛋打散，分数次加入步骤**1**的材料中拌匀(每次都要搅拌至蛋液被完全吸收，再加入余下的蛋液搅拌均匀)。

3 在步骤**2**的材料中加入动物性鲜奶油、原味酸奶和菠萝果泥搅拌均匀，再倒入模型中约八分满。

4 放入烤盘中(烤盘中需倒入0.5cm高的冷水，约500克)，移入已经预热的烤箱中，以上火160℃、下火190℃隔水烤约35分钟(单一火烤法：单一火全开175℃，放在中间格，烤约40分钟)。

装饰

取出，用毛刷蘸镜面果胶，均匀地薄刷在烤好的蛋糕表面，然后用适量新鲜菠萝装饰即可。

美味诀窍 *Point*

★烤盘内的烤模数量越少，烤盘中的冷水量就要越多；若烤盘内烤模数量较多，烤盘中的水量则要少。

★采用水浴法烤焙时，可将待烤的蛋糕烤模先放入烤盘中，底层再放大烤盘，送入烤箱后才倒水，以避免移动时水会溅出。

经典款
Cheese Cake

乡村起司蛋糕

分量|正方形小型模型50个
美味保鲜期|冷藏保存约3天

材料 Ingredients

蛋糕体

a 牛奶·················65g
  无盐奶油·········75g
  低筋面粉··········70g
  玉米淀粉··········20g
  起司粉·············5g
  蛋黄················100g
b 蛋白················200g
  细砂糖············100g
  塔塔粉·········1/4小匙
  盐··············1/4小匙

起司馅

a 奶油起司········180g
  牛奶··············115g
  无盐奶油·········30g
  动物性鲜奶油···20g
  蛋黄··············50g
  细砂糖············18g
  玉米淀粉··········5g
  低筋面粉··········9g
  香草荚酱·········1g
  白兰地··············7g
b 蛋白················50g
  细砂糖············40g
  塔塔粉···········少许

装饰

镜面果胶············适量
干燥玫瑰············花瓣

做法 Methods

蛋糕体

1 将牛奶和无盐奶油隔水加热至溶化。

2 将低筋面粉、玉米淀粉和起司粉混合过筛，加入**步骤1**的材料中拌匀，再加入打散的蛋黄搅拌均匀。

3 将蛋白、盐和塔塔粉搅打至有纹路(约四分发)，分数次加入细砂糖，搅打至湿性发泡（约九分发）。

4 将打发的蛋白霜加入蛋黄面糊中轻混拌匀。

5 将蛋黄面糊倒入烤模内，送入已经预热的烤箱中，以上火180℃、下火150℃烤约20分钟(单一火烤法：单一火全开165℃，放在中间格，烤约25分钟)。

6 将蛋糕体用模型压成相同大小，铺入模型中。

起司馅

1 将奶油起司放在室温中解冻，再搅拌打软。

2 将牛奶、无盐奶油和动物性鲜奶油放入锅中，用小火煮至快要沸腾。

3 将蛋黄和细砂糖搅打至呈浓稠状，加入混合过筛的玉米淀粉、低筋面粉和香草荚酱拌匀，再倒入**步骤2**的材料中拌匀，加热拌煮至呈浓稠状，然后加入**步骤1**的材料搅拌均匀，再淋入白兰地拌匀。

4 将蛋白和塔塔粉搅打至有纹路(约四分发)，分数次加入细砂糖，搅拌至湿性发泡(八九分发)。

5 将打发的蛋白霜加入**步骤3**的材料中轻混拌匀。

组合与装饰

　　将拌匀的起司馅倒入铺好蛋糕体的模型中，放入烤盘中(烤盘中需倒入约0.5cm高的冷水)，送入已经预热的烤箱中，以上火230℃(关闭下火)隔水烤约8分钟。表面上色后，略拉开气门再烤约8分钟即可(单一火烤法：单一火开上火200℃，放在中间格，烤约20分钟)。

美味
诀窍
Point

★测试蛋糕是否烤熟，可将竹扦插入蛋糕体中央，若没有湿黏的情形，表示蛋糕已熟。

★刷上镜面果胶可保鲜，还有亮泽的装饰效果。

经典款
Cheese Cake

纽约起司蛋糕

分量|圆形8个（直径9cm、高约4cm）
美味保鲜期|冷藏保存约3天

🐾 材 料 Ingredients

挞皮

含盐奶油·············130g
糖粉·················90g
鸡蛋·················1个
低筋面粉············250g

起司馅

奶油起司···········600g
无盐奶油···········250g
细砂糖·············180g
鸡蛋·················4个
低筋面粉············30g
动物性鲜奶油······150g
白兰地···············10g

装饰

防潮糖粉············适量

> **美味诀窍** *Point*
> ★ 制作起司馅时一定要充分搅拌均匀，至完全没有颗粒为止。

🐾 做 法 Methods

挞皮

1 将含盐奶油和糖粉搅拌均匀，至呈乳白色且质地为绒毛状。

2 将鸡蛋打散，分数次加入步骤1的材料中拌匀(每次都要搅拌至蛋液被完全吸收，再加入余下的蛋液)。

3 加入过筛的低筋面粉拌匀成团，静置醒约10分钟。

4 将面团用擀面杖压平，再用圆形模具压成重约65g的挞皮。

起司馅

1 将奶油起司和动物性鲜奶油隔水加热，至二者完全熔化(图1)。

2 将细砂糖和无盐奶油搅拌至呈乳白色，分数次加入打散的鸡蛋搅拌均匀，再加入过筛的低筋面粉拌匀(图2)。

3 将步骤1的材料倒入步骤2的材料中拌匀，再加入白兰地拌匀即可(图3)。

组合与装饰

1 将模框底部包覆锡箔纸，再铺入挞皮(图4)，并修边整形。

2 将拌匀的起司馅倒入铺好挞皮的模型内，约九分满(图5、图6)，送入已经预热的烤箱中，以上火150℃、下火200℃烤40~50分钟(单一火烤法：单一火全开165℃，放在中下格，烤50~60分钟)。

3 取出，在蛋糕边缘筛上防潮糖粉即可。

经典款
Cheese Cake

戈登起司蛋糕

分量|正方形耐烤模6个（长9.5cm、宽9.5cm、高3 .5cm）
美味保鲜期|冷藏保存约3天

材 料 Ingredients

挞皮

无盐奶油············130g
糖粉···············75g
蛋黄···············50g
低筋面粉············230g
高筋面粉············少许

起司馅

牛奶···············500g
细砂糖··············75g
鸡蛋···············2个
玉米淀粉············20g
低筋面粉············20g
奶油起司············100g
含盐奶油············38g

做 法 Methods

挞皮

1 将无盐奶油和糖粉搅拌均匀，呈乳白色且质地为绒毛状。

2 将蛋黄打散，分数次加入步骤**1**的材料中拌匀（每次都要搅拌至蛋液被完全吸收，再加入余下的蛋液）。

3 加入过筛的低筋面粉拌匀成团，静置醒约10分钟。

4 将面团放在撒了少许高筋面粉的工作台上，用擀面杖压平，再用方形模具压成重约70g的面皮，分别铺入模型内。

5 送入已经预热的烤箱中，以上火150℃、下火150℃烤约20分钟(单一火烤法：单一火全开150℃，放在中下格，烤约25分钟)。

起司馅

1 将奶油起司和含盐奶油隔水加热，至二者完全熔化。

2 将牛奶与细砂糖拌匀，分数次加入打散的鸡蛋搅拌均匀，再加入混合过筛的玉米淀粉和低筋面粉拌匀。

3 将步骤**1**的材料倒入步骤**2**的材料中混拌均匀。

组合

　　将起司馅倒入烤熟的挞皮模型内，送入已经预热的烤箱中，以上火190℃、下火120℃烤30~35分钟即可（单一火烤法：单一火全开170℃，放在中下格，烘烤35~40分钟）。

美味诀窍 *Point*

★起司馅的所有材料混匀后，最好用加热勾芡的方式让起司馅更浓稠。

Cheese Cake

美式起司蛋糕

分量|椭圆形5个（直径6cm、高3cm）
美味保鲜期|冷藏保存约3天

✿材 料 Ingredients

饼干底

消化饼·············100g
无盐奶油············30g

起司馅

奶油起司············120g
细砂糖··············35g
玉米淀粉·············6g
鸡蛋················1个
动物性鲜奶油········15g
酸奶················15g
柠檬汁··············3g

装饰

镜面果胶···········适 量

✿做 法 Methods

饼干底

1 将无盐奶油隔水加热至熔化，加入压碎的消化饼拌匀。

2 装入模型中略压紧实，即成饼干底。

起司馅

1 将奶油起司和细砂糖搅拌至呈乳白色，再加入过筛的玉米淀粉拌匀。

2 将鸡蛋打散，分数次加入步骤**1**的材料中拌匀（每次都要搅拌至蛋液被完全吸收，再加入余下的蛋液搅拌）。

3 加入柠檬汁拌匀，再加入动物性鲜奶油和酸奶拌匀，倒入铺好饼干底的模型中，约八分满。

4 送入已经预热的烤箱中，以上火230℃、下火100℃烤约30分钟（单一火烤法：单一火全开185℃，放在中间格，烤约35分钟）。

5 取出，在表面刷上薄薄的一层镜面果胶即可。

**美味
诀窍**
Point

★烤模中需喷一些烤盘油或刷适量奶油，这样蛋糕在烘烤过程中不易裂开。

烤焙式

经典款
Cheese Cake

分量|6英寸固定模型3个
美味保鲜期|冷藏保存约3天

轻乳酪蛋糕

🎀材 料 Ingredients

起司糊

a　奶油起司………320g
　　牛奶……………280g
　　含盐奶油………100g
　　低筋面粉………60g
　　玉米淀粉………50g
　　蛋黄……………125g
b　蛋白……………225g
　　塔塔粉………1/8小匙
　　盐……………1/8小匙
　　细砂糖…………120g

口味变化

可可粉………………20g
抹茶粉………………20g

🎀做 法 Methods

1 将奶油起司、牛奶和含盐奶油隔水加热至60℃(奶油起司和含盐奶油应完全溶化)。

2 将低筋面粉和玉米淀粉混合过筛，加入步骤**1**的材料中拌匀，再加入打散的蛋黄搅拌均匀。

3 将蛋白、盐和塔塔粉搅打至有纹路(约五分发)，再分数次加入细砂糖，搅打至湿性发泡(八九分发)。

4 将蛋白霜加入步骤**2**的材料中轻混拌匀。

5 将拌匀的起司糊倒入已刷油的烤模内，放入烤盘中(烤盘中需倒约0.5cm高的冷水)，送入已经预热的烤箱中，以上火200℃、下火130℃隔水烤约1小时(单一火烤法：单一火全开180℃，放在中上格，烤约70分钟)。

**美味
诀窍**
Point

★也可以加入其他材料变化口味，如可可粉和抹茶粉。以此配方为例，将可可粉或抹茶粉与面粉混合过筛后使用。不过另加材料时，记得面粉的重量要相应减少。

经典款
Cheese Cake

海绵起司蛋糕

分量|6英寸耐烤中空模型10个（直径12cm、高约4.5cm）
美味保鲜期|冷藏保存约3天

材 料 Ingredients

蛋糕体

a　奶油起司·········375g
　　牛奶···············250g
　　无盐奶油········38g
　　玉米淀粉···········45g
　　低筋面粉···········45g
　　蛋黄···············62g
　　柠檬汁···············5mL
b　蛋白···············263g
　　细砂糖···········130g
　　盐···············1/4小匙
　　塔塔···········1/2小匙

表面装饰

起司粉·····················适量

做 法 Methods

1 将奶油起司、牛奶和无盐奶油隔水加热至约60℃(奶油起司和无盐奶油应完全溶化)。

2 将玉米淀粉和低筋面粉混合过筛，加入步骤**1**的材料中拌匀，再加入打散的蛋黄和柠檬汁拌匀。

3 将蛋白、盐和塔塔粉搅打至有纹路（约四分发），分数次加入细砂糖，搅打至湿性发泡(约八分发)。

4 将蛋白霜加入步骤**2**的材料中轻混拌匀，即成蛋糕面糊。

5 将蛋糕面糊倒入模型中，送入预热好的烤箱中，以上火200℃、下火140℃烤约30分钟(单一火烤法：单一火全开180℃，放在中上格，烤35~40分钟)。

6 取出，倒扣晾凉，表面筛上起司粉装饰即可。

美味诀窍
Point

★ 蛋糕烤好后需敲一下再脱模，这样蛋糕体不易收缩。

起司雪纺戚风蛋糕

分量|直径为4英寸中空活动模型约7个
美味保鲜期|常温保存约3天

材料 Ingredients

a 牛奶……………90g
　奶油起司………120g
　起司粉…………30g
　无盐奶油………60g
　色拉油…………60g
　蛋黄……………150g
　低筋面粉………180g
b 蛋白……………375g
　盐………………1/4小匙
　塔塔粉…………1/2小匙
　细砂糖…………160g

做法 Methods

1 将奶油起司、牛奶、起司粉、无盐
　奶油和色拉油混合加热，煮至奶油
　起司和无盐奶油完全溶化。

2 将打散的蛋黄加入步骤1的材料中拌
　匀，再加入过筛的低筋面粉拌匀。

3 将蛋白、盐和塔塔粉搅打至有纹路(约
　4分发)，分数次加入细砂糖，搅打至
　湿性发泡（约九分发）。

4 取1/3量的蛋白霜加入步骤2的材料
　中轻混拌匀，再加入余下的蛋白霜
　拌匀。

5 将蛋糕面糊倒入烤模内，送入预热
　好的烤箱中，以上火180℃、下火
　150℃烤约8分钟。关闭上火，拉开
　气门，以下火150℃再烤约10分钟
　（单一火烤法：单一火全开170℃，
　放在中间格，烤20~25分钟）。

美味诀窍 Point

★戚风蛋糕的烤模不宜抹油或垫烤
焙纸，否则会影响膨胀效果，最
好使用边缘和底部可分开的活动
模型，烤好后更容易脱模。

烤焙式 经典款
Cheese Cake

皇家千层起司蛋糕

分量|1盘（长30cm、宽20cm、高5cm）
美味保鲜期|冷藏保存约3天

🎗️材料 Ingredients

蛋糕体

a	鸡蛋	550g	b	鸡蛋	80g
	细砂糖	280g		蜂蜜	50g
	盐	少许		色拉油	250g
	低筋面粉	300g		牛奶	215g
	起司粉	20g		奶油起司	120g

中间抹酱

果酱⋯⋯⋯⋯⋯⋯⋯适量

🎗️做法 Methods

蛋糕体

1 将材料a中的鸡蛋、细砂糖和盐放入钢盆中，搅拌打发(图1)，加入混合过筛的低筋面粉和起司粉轻拌均匀(图2、图3)。

2 将材料b的所有材料混合，搅拌均匀(图4)后过筛(图5)，分数次加入步骤**1**的材料中拌匀(图6)。

3 将250g蛋糕面糊倒入烤盘中(图7)，抹平表面后(图8)送入已经预热的烤箱中，以上火250℃(关闭下火)烤约8分钟至蛋糕上色（制作第一层，图9)。取出，再倒入250g蛋糕面糊(图10)，抹平表面后(图11)，放在烤盘中(烤盘中需倒入800g冷水，图12)。移入烤箱，隔水烤焙约8分钟(制作第二层)。取出，再倒入250g蛋糕面糊，抹平表面后，仍然采用隔水烤焙的方式，重复操作3次，共制作6层，全程约1小时(单一火烤法：单一火全开220℃，放在中间格，烤约1小时)。

组合

　　取出烤好的蛋糕体，切成两等份，表面抹上果酱(图13)，叠层后切成大小一致的长块(图14)即可。

美味诀窍 *Point*

★第一层烤熟后，继续烤第2~6层时，底层要采用隔水烤焙的方式。如果没有隔水烘烤，底部很容易出现太干或烤焦的情形。

经典款
Cheese Cake

起司蛋糕卷

分量|烤盘1盘（长72cm、宽46cm）
美味保鲜期|冷藏保存约3天

材料 Ingredients

蛋糕体

a 牛奶……………100g
  色拉油…………100g
  无盐奶油………100g
  蛋黄……………200g
  低筋面粉………150g
  玉米淀粉………35g
  黄金起司粉……15g

b 蛋白……………300g
  细砂糖…………200g
  塔塔粉………1/2小匙
  盐……………1/2小匙

起司馅

牛奶………………600g
卡士达粉…………200g
马斯卡彭起司……300g
动物性鲜奶油……180g
君度橙酒…………10g

装饰

打发鲜奶油…………适量
草莓………………适量
覆盆子……………适量
蓝莓………………适量
百里香……………适量
薄荷叶……………适量

做法 Methods

蛋糕体

1 将牛奶、色拉油和无盐奶油混合，加热至无盐奶油溶化。

2 将低筋面粉、玉米淀粉和黄金起司粉混合过筛，加入步骤**1**的材料中搅拌均匀，再加入蛋黄拌匀。

3 将蛋白、盐和塔塔粉搅打至有纹路(约五分发)，分数次加入细砂糖，打至湿性发泡(约九分发)。

4 将蛋白霜加入步骤**2**的材料中轻混拌匀，即成蛋糕面糊。

5 将蛋糕面糊倒入铺好烤焙纸的烤盘中，抹平表面后，连烤盘轻敲台面以震出空气，送入已经预热的烤箱中，以上火180℃、下火130℃烤约18分钟至呈金黄色(单一火烤法：单一火全开165℃，放在中间格，烤约20分钟)。

6 取出脱模，撕去烤焙纸，倒扣晾凉。

起司馅

将牛奶和卡士达粉拌匀，加入马斯卡彭起司拌匀，再加入打发的动物性鲜奶油和君度橙酒拌匀。

组合与装饰

1 在蛋糕体上均匀地抹一层起司馅，在起始端浅浅地划两刀，然后用擀面杖从起始端连同烤焙纸反卷起来，将蛋糕略固定后冷藏定型。

2 取出蛋糕卷，挤上少许打发鲜奶油，放上草莓、覆盆子、蓝莓、百里香和薄荷叶装饰即可。

食材 *Memo*

黄金高钙起司粉呈橘色、细粉末状，富含钙质，风味浓郁，艳丽的色泽可增加成品的美感，适用于制作料理和点心等。

美味诀窍 *Point*

★ 蛋糕体在烘烤时表面不要烤得太干，烤至淡淡上色后就关闭上火，这样卷蛋糕时不易干裂。

★ 在工作台上轻敲，是为了消除打发时形成的气泡，让蛋糕的质地细密。

旋风起司棒

分量|椭圆形模型18个（长7cm、宽4.5cm、高2cm）
美味保鲜期|冷藏保存约3天

材料 Ingredients

起司糊

a 奶油起司·········350g
　马斯卡彭起司·····160g
　细砂糖·············45g
　蛋黄·················35g
　低筋面粉·········40g
　深黑巧克力······100g
　耐烤巧克力豆···100g
b 蛋白·················85g
　细砂糖·············40g
　塔塔粉·················1g
　盐·······················1g

装饰

纯白或深黑巧克力·····适量
金箔粉··················适量

美味诀窍 *Point*
★金箔粉也可以用烤熟的碎杏仁代替。

做 法 Methods

起司糊

1 将奶油起司、马斯卡彭起司和细砂糖搅拌打发至呈乳白色。

2 将打散的蛋黄分数次加入步骤**1**的材料中搅拌均匀，再加入混合过筛的低筋面粉拌匀。

3 将深黑巧克力隔水加热至熔化，然后加入步骤**2**的材料中，再放入耐烤巧克力豆搅拌均匀。

4 将蛋白、塔塔粉和盐搅打至有纹路（约四分发），分数次加入细砂糖，搅打至八九分发。

5 将步骤**4**的材料加入步骤**3**的材料中轻混拌匀，倒入模型中，送入已预热的烤箱中，以上火170℃、下火150℃烤约20分钟(单一火烤法：单一火全开160℃，放在中间格，烤约25分钟)。

6 取出蛋糕，稍晾凉后，放入冰箱冷冻约1小时。

组合与装饰

1 取出，将木棍插入起司蛋糕中间。

2 蘸裹隔水加热至熔化的纯白(或深黑)巧克力，撒上金箔粉点缀即可。

食材 *Memo*
马斯卡彭（Mascarpone）起司颜色雪白，形状像发泡奶油，口感清淡，带有天然的香醇，味道甘甜，是制作提拉米苏的必备材料。

创意款
Cheese Cake

白布朗起司

分量|南瓜模型24个
美味保鲜期|冷藏保存约3天

✎材料 Ingredients

蛋糕体

无盐奶油··············250g
纯白巧克力··········250g
奶油起司·············180g
鸡蛋····················180g
细砂糖·················150g
杏仁粉·················65g
低筋面粉··············85g
泡打粉·················2.5g
核桃仁·················适量

装饰

纯白巧克力·············适量
蛋白饼····················适量

美味诀窍 *Point*
★配方中的无盐奶油、纯白巧克力和奶油起司，加热后会分离，需冷却降温后拌匀，就会融合了。

✎做法 Methods

蛋糕体

1 将无盐奶油、纯白巧克力和奶油起司隔水加热至熔化。

2 将鸡蛋和细砂糖加入**步骤1**的材料中搅拌均匀，然后加入混合过筛的杏仁粉、低筋面粉和泡打粉搅拌均匀。

3 将蛋糕面糊倒入已喷上烤盘油的南瓜模型内，表面撒上核桃仁，送入已经预热的烤箱中，以上火180℃、下火140℃烤约20分钟即可（单一火烤法：单一火全开160℃，放在中间格，烤约20分钟）。

装饰

将纯白巧克力隔水加热至熔化后，装入挤花袋中，淋在蛋糕体表面，然后放上蛋白饼装饰即可。

创意款
Cheese Cake

蒙布朗起司

分量 | 15个
美味保鲜期 | 冷藏保存约3天

❧材料 Ingredients

杏仁蛋白饼

蛋白	112g
细砂糖	112g
杏仁粉	75g
糖粉	38g

起司慕斯

牛奶	75g
蛋黄	44g
奶油起司	15g
明胶片	7.5g
冰水	30g
朗姆酒	6g
动物性鲜奶油	250g

起司装饰馅

奶油起司	260g
打发动物性鲜奶油	100g
白兰地	5g
巧克力酱	适量

装饰

防潮糖粉	适量
覆盆子	适量
烟卷巧克力棒	适量
薄荷叶	适量

甜点 *Keyword*

蒙布朗是法式经典甜点，原意指阿尔卑斯山的勃朗峰，因蒙布朗的表面覆盖着层层叠叠的栗子奶油和白色糖粉，酷似勃朗峰的积雪，故而得名。

做 法 Methods

杏仁蛋白饼

1 将蛋白加入少许细砂糖，拌打至微起泡状，再分数次加入余下的细砂糖，搅打至九分发(图1)，然后加入混合过筛的杏仁粉和糖粉轻拌均匀(图2)，即成杏仁蛋白饼面糊。

2 将杏仁蛋白饼面糊装入挤花袋中，以圆形花嘴在铺好烤盘布的烤盘上，挤出直径为5厘米的螺旋状面糊(图3)。

3 送入已经预热的烤箱中，以上150℃、下火140℃烤约30分钟(单一火烤法：单一火全开150℃，放在中间格，烤约40分钟)。

起司慕斯

1 将牛奶煮沸(图4)，冲入打散的蛋黄中(图5)，再加入奶油起司搅拌均匀(图6)。

2 将明胶片用冰水浸泡至软，取出挤干水分，放入步骤**1**的材料中搅拌均匀，待冷却后，加入朗姆酒和打发的动物性鲜奶油拌匀(图7)，待半凝固后(图8)，装入挤花袋中，用圆形花嘴挤在烤好的杏仁蛋白饼上(图9)。

起司装饰馅

1 将软化的奶油起司打匀，分数次加入动物性鲜奶油和白兰地搅拌均匀(图10)，再加入巧克力酱拌匀，装入挤花袋中，用缎带花嘴挤在已挤上起司慕斯馅的蛋白饼上(图11)。

2 放上覆盆子、烟卷巧克力棒和薄荷叶，再筛上防潮糖粉装饰即可(图12)。

美味诀窍
Point

★制作好的起司慕斯也可以倒入圆筒状模型中，凝固定型后即可使用。

烤焙式

创意款
Cheese Cake

雪岩起司蛋糕

分量|金字塔慕斯圈18个（长7.2cm、宽7.2cm、高7.2cm）
美味保鲜期|冷冻保存约5天

❧材料 Ingredients

巧克力馅

纯白巧克力·············220g
动物性鲜奶油········220g
转化糖浆·············20g
玉米淀粉·············10g

装饰

防潮糖粉·············适量

蛋糕体

蛋白·················285g
细砂糖···············80g
塔塔粉···············1/4小匙
盐·················1/4小匙
纯白巧克力···········300g
含盐奶油·············60g
蛋黄·················60g
低筋面粉·············40g
起司粉···············10g
核桃仁···············60g

 美味诀窍 Point

★雪岩起司会像火山岩浆一样流出馅料，所以要在短时间内吃完。

❧做法 Methods

巧克力馅

1 将纯白巧克力和动物性鲜奶油隔水加热至熔化。

2 加入转化糖浆和过筛的玉米淀粉搅拌均匀，稍冷却后移入冰箱冷冻。

3 分成20g每份，即成巧克力馅。

蛋糕体

1 将蛋白、塔塔粉和盐搅打至有纹路(三四分发)，分数次加入细砂糖，搅打至八九分发。

2 将纯白巧克力和含盐奶油隔水加热至熔化，再加入打散的蛋黄，以及过筛的低筋面粉和起司粉搅拌匀。

3 将打发的蛋白霜加入步骤2的材料中轻轻混拌均匀，再倒入模型中，加入核桃仁，并放入巧克力馅，送入已经预热的烤箱中，以上火180℃、下火150℃烤约9分钟。将烤盘调转方向，关上火再焖烤4~6分钟即可(单一火烤法：单一火全开170℃，放在中间格，烤15~18分钟)。

装饰

取出烤好的蛋糕，撒上防潮糖粉装饰即可。

创意款
Cheese Cake

半熟起司蛋糕

分量|耐烤布丁杯18个（直径6.5cm、高4.5cm）
美味保鲜期|冷藏保存约2天

🎀 材 料 Ingredients

a 奶油起司·······200g
  牛奶············250g
  无盐奶油·······120g
  蛋黄············60g
  细砂糖··········40g
  玉米淀粉·········40g
  低筋面粉·········20g

b 蛋白············210g
  细砂糖··········100g
  塔塔粉··········少许
  盐·············少许
c 动物性鲜奶油····70g

🎀 做 法 Methods

1 将奶油起司、牛奶和无盐奶油隔水加热至完全溶化。

2 将蛋黄略打散，加入细砂糖搅拌打发，再加入混合过筛的玉米淀粉和低筋面粉搅拌均匀。

3 将步骤**1**的材料加入步骤**2**的材料中拌匀。

4 将蛋白、塔塔粉和盐混合搅打至有纹路(约四分发)，分数次加入细砂糖，搅拌打至湿性发泡（约九分发）。

5 将蛋白霜加入蛋黄面糊中轻混拌匀，然后加入动物性鲜奶油拌匀，倒入模型中(约九分满)，放入已倒满冷水(约500g)的烤盘内。

6 送入已经预热的烤箱中，以上火220℃、下火150℃隔水烤约8分钟，关上火，再焖烤约5分钟即可(单一火烤法：单一火全开180℃，放在中间格，烤约15分钟）。

美味诀窍 Point

★因烘烤时间短，中间会有熟与不熟的混合状态，所以制作时的温度很重要。

创意款
Cheese Cake

羊奶起司蛋糕

分量|圆形模型48个
美味保鲜期|冷藏保存约3天

🥢 材 料 Ingredients

蛋糕体

a	羊奶起司	150g
	羊奶	140g
	无盐奶油	50g
	蛋黄	60g
	低筋面粉	26g
	玉米淀粉	20g
b	蛋白	122g
	细砂糖	72g
	塔塔粉	1/8小匙
	盐	1/8小匙

夹层

新鲜覆盆子·····················适量

🥢 做 法 Methods

蛋糕体

1 将羊奶起司、羊奶和无盐奶油隔水加热至溶化，加入混合过筛的低筋面粉和玉米淀粉拌匀，再分数次加入打散的蛋黄搅拌均匀。

2 将蛋白、塔塔粉和盐搅打至有纹路(约五分发)，分数次加入细砂糖，搅打至八九分发。

3 将蛋白霜加入步骤1的材料中轻混拌匀，再倒入已刷油的模型中，放入烤盘中(烤盘中需倒入约0.5cm高的冷水)，送入已经预热的烤箱中，以上火200℃、下火130℃隔水烤约20分钟即可(单一火烤法：单一火开上火190℃，放在中上格，烤约25分钟)。

夹层

将烤好的蛋糕体以2片为1组叠放，中间夹入新鲜覆盆子即可。

食材 Memo

法文Cherve是指用山羊奶制成的起司。羊奶起司带有独特的酸味，口感清爽。

美味诀窍 Point

★隔水烘烤就是所谓的水浴法，是指将待烤物装入模具中，再放入装水的烤盘内入炉烤焙的方式，是布丁和起司蛋糕的常用烤法。

🥄材料 Ingredients

蛋糕体

无盐奶油	280g
糖粉	200g
蛋黄	110g
鸡蛋(含壳)	250g
低筋面粉	160g
奶粉	90g
黄金起司粉	20g

装饰

起司粉	适量
打发鲜奶油	适量
开心果	适量

创意款
Cheese Cake

烤焙式

起司雪藏蛋糕

分量|鹿背模型2个
美味保鲜期|冷藏保存约3天，常温1天

🥄做法 Methods

蛋糕体

1 将糖粉和无盐奶油搅拌均匀，至呈乳白色且质地为绒毛状。

2 将蛋黄和鸡蛋打散，放入冰箱冷藏，再分数次加入**步骤1**的材料中拌匀(每次都要搅拌至蛋液被完全吸收，再继续加入蛋液搅拌)。

3 在**步骤2**的材料中加入混合过筛的低筋面粉、奶粉和黄金起司粉搅拌均匀，即成蛋糕面糊。

4 将蛋糕面糊倒入均匀喷过烤盘油的模型中，送入已经预热的烤箱中，以上火180℃、下火120℃烤10~15分钟。关上火，以下火120℃再烤10~15分钟即可（单一火烤法：单一火全开150℃，放在中间格，烤约35分钟）。

装饰

取出蛋糕，表面筛上起司粉，挤上打发鲜奶油，再用开心果点缀即可。

★也可以刷上镜面果胶，再用柠檬丝点缀。

美味诀窍 *Point*

★机器运转摩擦会发热，如果把鸡蛋和蛋黄冷藏一下，降低温度，并让蛋液迅快混合，才不易出现油水分离现象。

★加入粉类时，注意不要过度搅拌，动作要轻，这样才能避免成品产生过多的气孔而影响口感。

烤焙式

创意款
Cheese Cake

舒芙蕾起司蛋糕

分量│圆形慕斯圈8个（直径9cm、高4cm）
美味保鲜期│冷藏保存约3天

**美味
诀窍**
Point

★如果家中没有烤盘
油，也可以在模具内
抹上少许食用油，再
撒上少许面粉。

材料 Ingredients

蛋糕体

a 牛奶·················70g
  无盐奶油·········80g
  蛋黄···············100g
  低筋面粉·········80g
  玉米淀粉·········10g
  黄金起司粉·······5g
b 蛋白···············200g
  塔塔粉·······1/4小匙
  盐···············1/4小匙
  细砂糖············100g

装饰

镜面果胶·········适量
巧克力装饰片·······适量
金箔粉·············适量

舒芙蕾馅

a 奶油起司·······350g
  牛奶···········220g
  无盐奶油·······60g
  动物鲜性奶油···40g

b 蛋黄···············100g
  细砂糖·············35g
  玉米淀粉···········5g
  低筋面粉···········25g
  香草荚酱·········少许
  白兰地·············20g
c 蛋白···············95g
  塔塔粉·······1/8小匙
  细砂糖·············70g

❀做 法 Methods

蛋糕体

1 将牛奶和无盐奶油煮沸(图1),加入混合过筛的低筋面粉、玉米淀粉和黄金起司粉搅拌均匀(图2),再分数次加入蛋黄拌匀(图3)。

2 将蛋白、塔塔粉和盐搅打至有纹路(约五分发),分数次加入细砂糖搅打至九分发(图4)。

3 将蛋白霜加入步骤1的材料中,轻轻搅拌均匀(图5),再倒入铺好烤焙纸的模型中,抹平表面后(图6),送入已经预热的烤箱中,以上火180℃、下火150℃隔水烤约10分钟。表面上色后,关上火,调转烤盘方向,再烤约10分钟(单一火烤法:单一火全开165℃,放在中间格,烤约25分钟)。

舒芙蕾馅

1 将放在室温中软化的奶油起司打软。

2 将牛奶、无盐奶油和动物性鲜奶油用小火加热,煮至快沸腾时离火。

3 将蛋黄和细砂糖搅拌打发,加入混合过筛的玉米淀粉和低筋面粉拌匀,再加入香草荚酱拌匀(图7)。

4 将步骤2的材料倒入步骤3的材料中拌匀(图8),边煮边搅拌至呈浓稠状(图9),熄火后加入奶油起司拌匀,然后倒入白兰地拌匀(图10)。

5 将蛋白和塔塔粉搅打至有纹路(约四分发),分数次加入细砂糖,搅打至八九分发。

6 将步骤5的材料加入步骤4中,轻轻搅拌均匀(图11)。

组合与装饰

1 将烤好的蛋糕体切成与模型相同大小,铺入模型底部(图12),再喷适量烤盘油(图13),底部用锡箔纸包好(图14),然后倒入舒芙蕾馅(图15)。

2 送入已经预热的烤箱中,以上火230℃(关闭下火)隔水烤12~15分钟,待表面上色后,关上火,拉开气门放置10~15分钟即可(单一火烤法:单一火开上火210℃,放在中上格,烤约30分钟)。

创意款
Cheese Cake

莓果千层起司派

分量|烤盘1盘（长60cm、宽40cm）
美味保鲜期|冷藏保存约2天

❧材料 Ingredients

千层皮

高筋面粉·············130g
低筋面粉·············275g
无盐奶油·············420g
水·····················165g
盐·····················7g
白酒醋················5g

起司馅

蛋黄··················60g
细砂糖···············60g
香草荚酱···········1/2小匙
低筋面粉············15g
玉米淀粉············10g
牛奶··················32g
无盐奶油············30g
奶油起司···········280g
明胶片···············4片
君度橙酒············10g
打发动物性鲜奶油·····120g

装饰

覆盆子···············适量
薄荷叶···············适量
防潮糖粉············适量

❧做法 Methods

千层皮

1 将无盐奶油从冰箱中取出，切成小丁。

2 将低筋面粉和高筋面粉混合过筛，加入盐、软化的无盐奶油和白酒醋搅拌均匀，再分数次慢慢加入水，搅拌至出筋且呈黏稠状(图1、图2)。

3 装入烤盘中，盖上保鲜膜，再压平表面(图3)，放入冰箱冷藏约1小时。

4 取出面团，略打软后(图4)，撒上面粉，用擀面杖擀压成长方形(图5)。

5 折叠面皮，将外侧面皮向内叠入1/3(图6)，再将里侧团皮也向内折入1/3，叠成正方形(图7)，放入冰箱醒约1小时。

6 取出折叠好的面皮旋转90°，再擀压(图8)并折叠成3层(图9、图10)，然后放入冰箱醒约1小时。

7 取出，如步骤6的操作方式擀压并折叠成3层，然后擀成厚约0.5厘米的面皮，用叉子在表面戳出小孔(图11)，醒约2小时。放入烤盘，送入已经预热的烤箱中，以上火200℃、下火200℃烤约40分钟(单一火烤法：单一火全开200℃，放在中间格，烤约50分钟)。

起司馅

1 将蛋黄和细砂糖搅拌打发至呈乳白色，加入香草荚酱拌匀(图12)，再加入混合过筛的低筋面粉和玉米淀粉拌匀(图13)。

2 将牛奶和无盐奶油加热至溶化，倒入步骤**1**的材料中拌匀(图14)，然后略加热。

3 将奶油起司、用冰水浸泡软的明胶片和君度橙酒放入步骤**2**的材料中混拌均匀(图15、图16)，稍冷却过筛(图17)，然后放入打发的动物性鲜奶油，轻轻搅拌至呈半凝固状(图18)。

组合与装饰

1 将烤好千层皮切成宽4cm、长10cm的片状(图19、图20)。取一片为底,挤上起司馅(图21),盖上一片千层皮(图22),再挤上起司馅,再盖上一片千层皮(图23),放入冰箱冷冻。

2 取出,切成小长块状(图24),摆上覆盆子(图25),再筛上防潮糖粉(图26),并用薄荷叶装饰即可。

美味
诀窍
Point

★千层皮制作复杂,需耐心等待面团醒发,要注意的是时间一定要充分,否则面团会缩小。

19

20

21

22

23

24

25

26

冷藏式
起司糕点

充满惊喜、入口即化的冷藏式起司蛋糕，沁凉、香醇的味道总让人不由得迷恋它。基本上，冷藏式起司点心与一般烤焙式起司蛋糕做法一样，只要将材料搅拌均匀，再加入有凝固效果的明胶混合，过筛后，放入冰箱冷藏凝固定型就可以了，即使是烘焙新手也能轻松完成。虽说做法简单，但风味和口感却绝妙多变，无论是单纯的滑嫩口感，还是包卷隐藏在蛋糕体中，都别有一番清新、高雅的滋味。

Love it

材 料 Ingredients

巧克力蛋糕体

a 蛋黄·················94g
　色拉油·············82g
　低筋面粉·········100g
　可可粉·············22g
　水·················100g
　小苏打粉···········2g
b 蛋白·············187g
　细砂糖···········112g
　盐·············1/4小匙
　塔塔粉·······1/4小匙

慕斯馅

马斯卡彭起司·······250g
动物性鲜奶油····500g
蛋黄·················2.5个
细砂糖···············60g
水·····················18g
明胶片··············3片
咖啡酒···············10g

装饰

防潮糖粉············适量
防潮可可粉·········适量

冷藏式

Cheese Cake

提拉米苏

分量|慕斯杯6个
美味保鲜期|冷藏保存约3天

美味诀窍 Point
★组合时，可喷上少许咖啡酒，以增加蛋糕的湿润度。

做 法 Methods

巧克力蛋糕体

1 将水煮沸，加入可可粉搅拌至溶化，加入色拉油拌匀，再与混合过筛的低筋面粉和小苏打粉搅拌均匀，然后加入蛋黄搅拌均匀。

2 将蛋白、盐和塔塔粉搅打至略起泡且有纹路(约四分发)，再分数次加入细砂糖，搅打至湿性发泡(约九分发)。

3 将步骤2的材料加入步骤1的材料中混拌均匀，倒入模型内，送入已经预热的烤箱中，以上火180℃、下火150℃烤约9分钟，关上火，再烤约9分钟至熟(单一火烤法：单一火全开165℃，放在中间格，约烤25分钟)。

4 取出后，将蛋糕体用模型压成圆片。

慕斯馅

1 将明胶片用冰水浸泡至软，取出沥干水分。

2 将细砂糖和水混合煮沸(约120℃)。

3 将蛋黄搅拌打发至呈乳白色，迅速冲入步骤2的材料中搅拌至冷却，再加入明胶片，拌匀后过筛，然后加入马斯卡彭起司搅拌均匀，再拌入打发的动物性鲜奶油和咖啡酒拌匀。

组合与装饰

在模型内挤入少许慕斯馅，铺入一层巧克力蛋糕，再挤入慕斯馅，铺入一层巧克力蛋糕，挤入慕斯馅，然后放入冰箱冷冻约2小时。取出，在表面筛上一层防潮糖粉，再筛上可可粉，然后筛上防潮糖粉做造型图案即可。

冷藏式

Cheese Cake

雪天使起司

分量 圆形挞模12个（直径9cm、高2.5cm）
美味保鲜期 冷藏保存约3天

材料 Ingredients

饼干底

消化饼·················300g
含盐奶油···············100g

起司糊

卡迪吉起司············100g
奶油起司···············400g
细砂糖·················110g
蛋黄···················50g
明胶片·················12g
动物性鲜奶油·········450g

装饰

百里香桂冠·········12个

美味诀窍 Point

★成品不容易脱模，可将模型放入热水中约10秒，就容易脱模了。

做法 Methods

饼干底

1 将消化饼压碎，加入熔化的含盐奶油拌匀。

2 放入模型中略压紧实，即成饼干底(图1)。

起司糊

1 将卡迪吉起司、奶油起司和细砂糖搅拌打发。

2 将蛋黄和细砂糖40g隔水加热，至细砂糖溶化(约70℃)。

3 将明胶片用冰水浸泡至软，捞出沥干水分，隔水加热至溶化后，倒入步骤**2**的材料中搅拌均匀(图2)。

4 将步骤**3**的材料加入步骤**1**的材料中混拌(图3)，过筛(图4)后冷却，再加入打发的动物性鲜奶油拌匀(图5)。

组合与装饰

1 将起司糊倒入铺好饼干底的模型内(图6)，用抹刀整形成小山状(图7)，放入冰箱冷藏约2小时。

2 定型后，放上用百里香编成的桂冠装饰即可。

食材 Memo

卡迪吉起司（Cottage cheese）是用脱脂奶粉制成的未熟成新鲜起司，低脂、低热量，带有类似乳酸饮料的淡淡酸味，非常适合制作味道清淡且清爽的甜点。

Cheese Cake

草莓甜心起司

分量 6英寸慕斯圈3个
美味保鲜期 冷藏保存约3天

**美味
诀窍**
Point

★奇福饼吸油量较差，饼干底会比较松
　散，所以需要压紧实。
★要让饼干不易脱落，除了压紧饼干之
　外，也可将压好的饼干底连模一起放
　入冰箱冷藏片刻，以帮助定型。

材料 Ingredients

饼干底

奇福饼……………300g
无盐奶油…………100g

草莓起司糊

奶油起司…………400g
细砂糖……………120g
牛奶………………120g

蛋黄………………60g
草莓乳酸饮料……200g
草莓果泥…………100g
明胶片……………16g
动物性鲜奶油……220g
植物性鲜奶油……220g
草莓酒……………20g

草莓甜心馅

草莓果泥…………300g
细砂糖……………30g
明胶片………………4片
动物性鲜奶油……100g
植物性鲜奶油……100g

装饰

新鲜草莓…………适量
覆盆子……………适量
镜面果胶…………适量
草莓酱……………适量
巧克力饰片………适量
薄荷叶……………适量

✎ 做 法 Methods

饼干底

将奇福饼压碎(图1),加入熔化的无盐奶油(图2)搅拌均匀(图3)。装入模型内压紧(图4),即成饼干底。

草莓起司糊

1 将奶油起司放在室温中软化,再加入细砂糖搅拌打发。

2 将牛奶加热煮温后离火,倒入蛋黄中搅拌均匀(图5),放入用冰水浸泡至软的明胶片、草莓乳酸饮料及草莓果泥拌匀(图6)。

3 将步骤**1**的材料倒入步骤**2**的材料中拌匀(图7),稍冷却后过筛,再分数次拌入打发的动物性鲜奶油和植物性鲜奶油拌匀,然后淋入草莓酒拌匀。

草莓甜心馅

将草莓果泥和细砂糖混合,加热至40℃(图8),加入用冰水浸泡至软的明胶片,搅拌至溶化(图9),稍降温后,分数次拌入打发的动物性鲜奶油和植物性鲜奶油拌匀(图10),装入心形慕斯模内(图11),再放入冰箱冷冻定型。

组合与装饰

1 将草莓起司糊倒入铺好饼干底的圆形慕斯模内,约八分满(图12)。

2 取出冻硬的草莓甜心馅,放入步骤**1**的模型内(图13),作为中间夹馅,然后在表面放上另一个心形草莓甜心馅(图14),放入冰箱冷冻约2小时至凝固。

3 取出定型的慕斯,刷上镜面果胶,在最上层的心形慕斯上淋草莓酱﹝做法参见第27页﹞,再用巧克力装饰片、新鲜草莓、覆盆子和薄荷叶装饰即可。

1 2 3

4 5 6

7 8 9

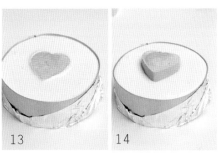

10 11 12

13 14

冷藏式

Cheese Cake

弯月香蕉起司

分量 椭圆形24个
美味保鲜期 冷藏保存约3天

🐚材 料 Ingredients

蛋糕体

a　无盐奶油…………………100g
　　牛奶……………………160g
　　鸡蛋……………………80g
　　蛋黄……………………140g
　　低筋面粉………………80g
　　高筋面粉………………50g
b　蛋白……………………280g
　　细砂糖…………………110g
　　塔塔粉…………………少许
　　盐………………………少许

慕斯馅

马斯卡彭起司………………140g
牛奶……………………………120g
细砂糖…………………………60g
蛋黄……………………………30g
明胶片……………………………8g
冰水……………………………50g
动物性鲜奶油…………………100g
植物性鲜奶油…………………100g

装饰

新鲜香蕉………………………适量
蓝莓……………………………适量
覆盆子…………………………适量
薄荷叶…………………………适量
百里香…………………………适量

**美味
诀窍**
Point

★烤好的蛋糕体需
利用手掌的弯度
做包馅造型。

🐚做 法 Methods

蛋糕体

1 将无盐奶油和牛奶加热至锅边开始起泡，快要沸腾时加入打散的鸡蛋拌匀，再放入混合过筛的低筋面粉和高筋面粉拌匀，然后加入蛋黄拌匀。

2 将蛋白、盐和塔塔粉搅打至出现纹路(约四分发)，再分数次加入细砂糖，搅拌打发至湿性发泡(约九分发)。

3 将步骤2的材料加入步骤1的材料中轻混拌匀，即成蛋糕面糊。

4 将蛋糕面糊装入挤花袋中，在铺好烤焙布的烤盘上放入椭圆形模型，并挤入面糊。

5 送入已经预热的烤箱中，以上火180℃、下火150℃烤15~20分钟(单一火烤法：单一火全开160℃，放在中间格，约烤25分钟)。

慕斯馅

1 将明胶片用冰水浸泡至软化，捞出沥干水分。

2 将牛奶和细砂糖混合，煮至细砂糖溶化，再加入打散的蛋黄搅拌均匀，然后加入明胶片，拌至完全溶化，再加入马斯卡彭起司拌匀，过筛后晾凉，拌入打发的动物性鲜奶油和植物性鲜奶油轻拌均匀，即成慕斯馅。

组合

1 在烤好的椭圆形蛋糕体上挤上慕斯馅。

2 分别放入新鲜香蕉片、蓝莓或覆盆子。

3 拉起另半边的蛋糕体，对折包覆成半月形。放入冰箱冷藏约1小时，待其凝固定型即可。

Cheese Cake

黄金地瓜起司

分量 中型小挞模16个
美味保鲜期 冷藏保存约3天

❧ 材 料 Ingredients

蛋糕体

a 牛奶··············65g
  色拉油··········75g
  玉米淀粉········10g
  低筋面粉········70g
  蛋黄············100g
  地瓜泥··········80g
b 蛋白············200g
  细砂糖··········80g
  盐··············1/4小匙
  塔塔粉··········1/4小匙

地瓜起司馅

奶油起司··········540g
细砂糖············36g
牛奶··············160g
明胶片············20g
冰水··············100g
地瓜泥············300g
地瓜丁············100g
动物性鲜奶油···200g
植物性鲜奶油···200g

装饰

地瓜嫩叶··············适量
镜面果胶··············适量

❧ 做 法 Methods

蛋糕体

1 将牛奶和色拉油略拌匀，加入混合过筛的玉米淀粉和低筋面粉搅拌均匀，再加入蛋黄与地瓜泥充分拌匀。

2 将蛋白、盐和塔塔粉搅打至略起泡且有纹路(约四分发)，再分数次加入细砂糖，打发至湿性发泡(约九分发)。

3 将步骤**2**的材料加入步骤**1**的材料中轻混拌匀，即成蛋糕面糊。

4 将蛋糕面糊倒入烤模内，送入已经预热的烤箱中，以上火180℃、下火150℃烤约10分钟，关上火，再焖烤约10分钟即可(单一火烤法：单一火全开165℃，放在中间格，烤约25分钟)。

地瓜起司馅

1 将明胶片用冰水浸泡至软。

2 将奶油起司和细砂糖搅拌打发至呈乳白色，加入牛奶搅拌均匀，再加入冰水和明胶片、地瓜泥混合拌匀，然后加入地瓜丁拌匀，再放入打发的动物性鲜奶油和植物性鲜奶油拌匀。

组合与装饰

1 用圆形模将烤好的蛋糕压成圆形片。

2 将地瓜起司馅倒入中型小挞模中约八分满，再铺上蛋糕片，送入冰箱冷藏约3小时至凝固定型。

3 取出，刷上镜面果胶，再用地瓜嫩叶点缀即可。

美味诀窍 Point

★一定要用冰水浸泡明胶片，以防水温过热会破坏明胶的凝结作用。

★制作时，使用红瓤地瓜或黄瓤地瓜均可，本款配方使用的是紫瓤地瓜。

Cheese Cake

冷藏式

千代起司

分量 1盘（长40cm、宽30cm、高5cm）
美味保鲜期 冷藏保存约3天

美味诀窍
Point

★抹茶粉容易结粒，可以先与热牛奶拌匀或过筛一两次。

🍮材 料 Ingredients

蛋糕体	抹茶夹层起司	装饰
牛奶…………225g	奶油起司…………575g	灯笼醋栗…………适量
色拉油…………187g	细砂糖…………130g	防潮糖粉…………适量
低筋面粉……250g	牛奶…………180g	草莓酱…………适量
玉米淀粉……50g	明胶片…………20g	
蛋白…………687g	冰水…………100g	
细砂糖………250g	抹茶粉…………50g	
香草精…………5g	动物性鲜奶油…300g	
	卡鲁哇酒…………5g	

🍮做 法 Methods

蛋糕体

1 将牛奶和色拉油略拌匀，加入混合过筛的玉米淀粉和低筋面粉搅拌均匀。

2 将500g蛋白分数次加入细砂糖，搅打至湿性发泡（约八分发）。

3 将步骤**2**的材料加入步骤**1**的材料中轻混拌匀，再分数次加入余下的蛋白及香草精搅拌均匀。

4 倒入烤模中，再放入烤盘中(烤盘中需注入5cm高的冷水)，移入已经预热的烤箱中，以上火190℃、下火130℃，隔水烤约30分钟即可(单一火烤法：单一火全开170℃，放在中间格，烤30~35分钟)。

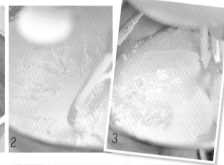

抹茶夹层起司

1 将明胶片用冰水浸泡至软(图1)。

2 将奶油起司和细砂糖搅拌至呈乳白色，倒入煮沸的牛奶拌匀(图2)，再加入明胶片与冰水，搅拌至明胶片完全溶化(图3)。

3 加入过筛的抹茶粉搅拌均匀(图4)，过筛(图5)后冷却，再拌入打发的动物性鲜奶油和卡鲁哇酒搅拌均匀(图6)。

组合与装饰

1 将蛋糕切成同慕斯框大小。

2 取一片蛋糕铺入慕斯框中为底(图7)，再倒入抹茶夹层起司馅(图8)，用抹刀略抹平，然后盖上一片蛋糕(图9)，送入冰箱冷冻定型。

3 取出蛋糕，放入灯笼醋栗，筛上防潮糖粉，再挤上草莓酱（参见第27页）点缀即可。

冷藏式

Cheese Cake

巧克力云石起司

分量 | 长条慕斯框2个（长40cm、宽7cm、高5cm）
美味保鲜期 | 冷藏保存约3天

美味诀窍 Point

★表面纹路要快速完成，面糊因加入软质巧克力，刚开始会很软，操作时间过久会变硬、结块，无法划出图案。

🥐材 料 Ingredients

派皮

无盐奶油…………375g
糖粉…………225g
鸡蛋…………90g
低筋面粉…………500g
奶粉…………50g
杏仁粉…………50g

装饰

镜面果胶…………适量

云石起司馅

马斯卡彭起司…………500g
细砂糖…………75g
热水…………80g
明胶片…………9片
蛋黄…………100g
君度橙酒…………20g
动物性鲜奶油…………250g
植物性鲜奶油…………250g
软质巧克力…………120g

🥐做 法 Methods

派皮

1 将无盐奶油和糖粉搅拌至颜色变乳白，质地呈绒毛状；鸡蛋略打散，分数次加入奶油中搅拌均匀(图1)。

2 将低筋面粉、奶粉和杏仁粉混合过筛，拌匀后，加入步骤1的材料中搅拌成团（图2）。

3 将面团用擀面杖压平，再用长条模型压出派皮，重约150g(图3)，铺入模型中，底部略压平，表面用叉子均匀地戳出小洞。

4 送入已经预热的烤箱中，以上火150℃、下火150℃烤约15分钟(单一火烤法：单一火全开160℃，放在中间格，烤20~25分钟)。

云石起司馅

1 将马斯卡彭起司搅拌打软。

2 将明胶片用冰水浸泡至软，放入50g热水中，搅拌至溶化。

3 将细砂糖和30g热水煮至约112℃(图4)，倒入蛋黄中搅拌打发(图5)，再放入马斯卡彭起司拌匀(图6)，加入步骤2的材料，再倒入君度橙酒、打发的动物性鲜奶油和植物性鲜奶油拌匀，即成原味起司馅(图7)。

4 将软质巧克力隔水加热至熔化，拌入120g原味起司馅(图8)，混拌均匀，即成巧克力起司馅。

组合与装饰

1 将原味起司馅倒入烤好的派皮模型中，约至八分满。

2 挤上适量的巧克力起司馅(图9)，用竹扦划出纹路(图10)，再放入冰箱略冻硬，刷上镜面果胶(图11)即可。

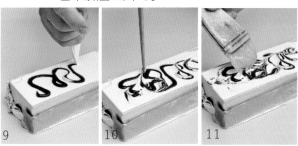

黄金起司慕斯卷

分量 1块（长72cm、宽46cm）
美味保鲜期 冷藏保存约3天

美味
诀窍
Point

★ 起酥片烘烤前切成小方块，
　可以快速地烤至酥脆。

★ 包卷时，在蛋糕表面浅划
　几刀，有利于卷起。

❧材料 Ingredients

蛋糕体

a 牛奶·············120g
　色拉油·········120g
　奶油·············100g
　低筋面粉·······150g
　玉米淀粉········50g
　泡打粉·······1/4小匙
　起司粉···········35g
　蛋黄·············200g
b 蛋白·············400g
　细砂糖··········200g
　塔塔粉·······1/4小匙
　盐············1/4小匙

起司馅

牛奶·············600g
黄金起司粉········25g
无盐奶油·········100g
卡士达粉·········180g
奶油起司·········360g
动物性鲜奶油····180g
植物性鲜奶油····180g

装饰

植物性鲜奶油·······300g
起酥皮···············4片
草莓···············适量

❧做 法 Methods

蛋糕体

1 将牛奶、色拉油和奶油混合，煮至奶油溶化。

2 加入蛋黄搅拌均匀，倒入混合过筛的低筋面粉、玉米淀粉、起司粉和泡打粉拌匀。

3 将蛋白、盐和塔塔粉搅打至略起泡且有纹路(约五分发)，再分数次加入细砂糖，拌打至湿性发泡(约九分发)。

4 将步骤3的材料加入步骤2的材料中轻混拌匀，倒入烤模中，放入已经预热的烤箱中，以上火180℃、下火150℃烤约10分钟。关上火，再烤约10分钟即可(单一火烤法：单一火全开165℃，放在中间格，烤20~25分钟)。

起司馅

1 将无盐奶油隔水加热至熔化，再加入牛奶和卡士达粉搅拌均匀(图1、图2)。

2 加入软化的奶油起司拌匀(图3)。

3 放入打发的动物性鲜奶油、植物性鲜奶油及黄金起司粉，搅拌均匀(图4)。

4 倒入平盘模型中，放入冰箱冷藏。

组合与装饰

1 蛋糕脱模后，在表面均匀抹上一层打发的植物性鲜奶油(图5)，铺上起司馅(图6)，在开始端浅划两刀(图7)，用擀面杖从后方连同烤焙纸反卷至底端(图8、图9)，然后将蛋糕略固定(图10)并冷藏定型。

2 将起酥皮放入烤盘中，送入烤箱，以上火180℃、下火150℃烤约20分钟，至表面呈金黄色，冷却后压碎。

3 将打发的植物性鲜奶油装入挤花袋中，用缎带花嘴在定型的蛋糕卷表面挤出纹路图案(图11)，再均匀地撒上碎起酥皮(图12)，摆上草莓片即可。

Cheese Cake

冰心起司奶冻卷

分量|烤盘1盘（长72cm、宽46cm）
美味保鲜期|冷藏保存约3天

**美味
诀窍**
Point

★三角模型里可以先喷一点水，再放
 入保鲜膜，这样黏着度比较好。
 倒入奶冻后，表面上再盖上一层
 保鲜膜，水分不易流失。

材料 Ingredients

奶冻

牛奶·····················480g
细砂糖···················120g
明胶片····················10片
马斯卡彭起司··········400g
动物性鲜奶油··········180g

装饰

植物性鲜奶油··········150g
蓝莓····················适量
巧克力饰片···············适量

蛋糕体

a 奶油起司···········150g
  牛奶·············150g
  色拉油···········150g
  低筋面粉·········150g
  玉米淀粉··········30g
b 蛋黄·············200g
  蛋白·············400g
  细砂糖···········200g
  塔塔粉·········1/4小匙
  盐···········1/4小匙

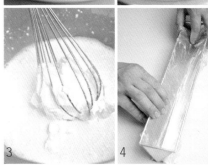

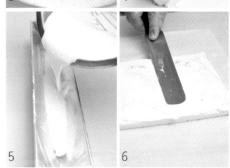

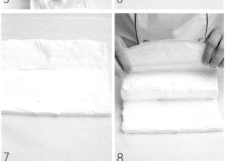

做法 Methods

奶冻(约2根)

1 将牛奶300g煮沸，加入细砂糖拌煮至溶化，再放入用冰水浸泡至软的明胶片(图1)，搅拌匀匀。

2 加入软化的马斯卡彭起司充分拌匀(图2)，再放入180g牛奶和打发的动物性鲜奶油拌匀(图3)。

3 在三角慕斯模型中铺入保鲜膜(图4)，将拌匀的奶冻倒入模型中(图5)，送入冰箱冷藏约2小时，凝固定型后取出。

蛋糕体

1 将牛奶、色拉油和奶油起司混合，加热至奶油起司溶化。

2 加入蛋黄搅拌均匀，再倒入混合过筛的低筋面粉和玉米淀粉拌匀。

3 将蛋白、盐和塔塔粉打至略起泡且有纹路(约五分发)，再分数次加入细砂糖，搅打至湿性发泡(约九分发)。

4 将步骤3的材料加入步骤2的材料中混拌均匀，倒入烤模中，略抹平表面，放入已经预热的烤箱中，以上火180℃、下火140℃烤约10分钟。上色后，将烤盘调转方向，再关闭上火，以下火140℃烤约10分钟即可(单一火烤法：单一火全开160℃，放在中间格，烤约25分钟)。

组合与装饰

1 蛋糕脱模后，切成40cm长、22cm宽。

2 在蛋糕表面均匀抹上一层打发的植物性鲜奶油(图6)，放上定型的奶冻(图7)，再用擀面杖从后方连同烤焙纸一起反卷成三角形(图8)，然后将蛋糕略固定并冷藏定型(图9)。

3 取出蛋糕，在三角形顶端挤上植物性鲜奶油，用蓝莓和巧克力饰片装饰即可(图10)。

鳄梨起司慕斯

分量 鳄梨形造型模8个
美味保鲜期 冷藏保存约3天

材料 Ingredients

鳄梨蛋糕体

a 牛奶·····················75g
   鳄梨果泥···············75g
   蛋黄·····················70g
   色拉油···················50g
   玉米淀粉···············20g
   低筋面粉···············80g
b 蛋白····················160g
   细砂糖···················60g
   盐·····················1/8小匙
   塔塔粉···············1/8小匙

鳄梨起司慕斯

新鲜鳄梨果泥········150g
牛奶·····················160g
细砂糖···················80g
马斯卡彭起司········180g
柠檬汁····················6g
明胶片·····················6片
动物性鲜奶油········200g

装饰

绿色食用色素·········适量
薄荷叶·····················适量

做法 Methods

鳄梨蛋糕体

1 将牛奶与鳄梨果泥拌匀，加入色拉油、混合过筛的玉米淀粉和低筋面粉搅拌，再加入打散的蛋黄搅拌均匀。

2 将蛋白、盐和塔塔粉搅打至略起泡且有纹路（约五分发），再分数次加入细砂糖，拌打至九分发。

3 将步骤**2**的材料加入步骤**1**的材料中拌匀，再倒入烤盘中，抹平表面后移入已经预热的烤箱中，以上火180℃、下火150℃烤8~10分钟。关上火，将烤盘转换方向，再烤8~10分钟（单一火烤法：单一火全开165℃，放在中间格，烤20~25分钟）。

鳄梨起司慕斯

1 将明胶片用冰水浸泡至软，取出沥干水分。

2 将新鲜鳄梨果泥、牛奶和细砂糖拌匀，再加入马斯卡彭起司、柠檬汁和明胶片，搅拌至明胶片完全溶化，再放入打发的动物性鲜奶油拌匀。

组合与装饰

1 将烤好鳄梨蛋糕体用鳄梨形造型模压成片状。先在模型内倒入鳄梨起司慕斯约九分满，再放上鳄梨蛋糕片，放入冰箱冷冻约2小时，待其凝固定型后取出。

2 将绿色食用素加少许水调匀，在慕斯表面薄薄地涂刷一层，并用薄荷叶点缀即可。

美味诀窍 Point

★选择熟透的新鲜鳄梨，香味才够浓郁。

德国起司慕斯

分量 水果长条模型4条（长16.5cm、直径6.5cm、高6cm）
美味保鲜期 冷藏保存约3天

🐝 材 料 Ingredients

饼干底

奇福饼⋯⋯⋯⋯⋯⋯450g

无盐奶油⋯⋯⋯⋯⋯⋯150g

起司糊

奶油起司⋯⋯⋯⋯⋯⋯400g

细砂糖⋯⋯⋯⋯⋯⋯⋯60g

蛋黄⋯⋯⋯⋯⋯⋯⋯⋯35g

明胶片⋯⋯⋯⋯⋯⋯⋯10g

冰水⋯⋯⋯⋯⋯⋯⋯⋯60g

白兰地⋯⋯⋯⋯⋯⋯⋯10g

动物性鲜奶油⋯⋯200g

植物性鲜奶油⋯⋯200g

柠檬皮⋯⋯⋯⋯⋯⋯1/2个

柠檬汁⋯⋯⋯⋯⋯⋯⋯10g

装饰

鲜奶油⋯⋯⋯⋯⋯⋯⋯适量

草莓片⋯⋯⋯⋯⋯⋯⋯适量

柠檬丝⋯⋯⋯⋯⋯⋯⋯适量

🐝 做 法 Methods

饼干底

1 将奇福饼压碎，加入熔化的无盐奶油拌匀。

2 装入模型中压紧实，即成饼干底。

起司糊

1 将放在室温中软化的奶油起司搅拌至松发。

2 将蛋黄和细砂糖混合，隔水加热至细砂糖溶化(约 70℃)。

3 将明胶片用冰水浸泡至软，连同冰水一起加入步骤**2** 的材料中，搅拌至明胶片溶化，再加入步骤**1**的材料 搅拌均匀，稍冷却后倒入白兰地拌匀，然后拌入打 发的动物性鲜奶油和植物性鲜奶油拌匀，再加入柠 檬汁和切成末的柠檬皮拌匀。

4 倒入铺好饼干底的模型内，放入冰箱冷冻约2小时， 待其凝固定型后取出。

装饰

1 在慕斯表面以间隔交错的方式，挤上橄榄状的打发 鲜奶油。

2 放入草莓片，再撒上少许柠檬丝点缀即可。

美味诀窍 *Point*

★柠檬皮要使用时再刨成丝或 切成末，否则时间久了会干 透，失去自然的风味。

雪果起司

分量 | 半球状模型12个
美味保鲜期 | 冷藏保存3天

❧材料 Ingredients

蛋糕体

a 蛋黄·················155g
  蜂蜜·················30g
  果糖·················20g
  香草精················10g
  低筋面粉···········150g
  玉米淀粉··············50g
b 蛋白·················375g
  塔塔粉············1/4小匙
  盐················1/4小匙
  细砂糖··············160g

起司馅

奶油起司···········200g
覆盆子果泥·········100g
蛋黄················100g
细砂糖··············100g
明胶片··············20g
冰水················100g
动物性鲜油奶·······150g

装饰

草莓酱···················适量
柠檬丝···················适量
蓝莓·····················适量
饼干屑···················适量

❧做 法 Methods

蛋糕体

1 将蛋黄、蜂蜜和果糖搅拌打发，加入香草精，以及混合过筛的玉米淀粉与低筋面粉搅拌均匀。

2 将蛋白、盐和塔塔粉搅打至略起泡且有纹路（约五分发），再分数次加入细砂糖，搅打至湿性发泡（约九分发），然后与步骤1的材料混拌均匀。

3 将步骤2的材料倒入烤模中，移入已经预热的烤箱中，以上火190℃、下火130℃烤约20分钟(单一火烤法：单一火全开165℃，放在中间格，烤20~25分钟)。

4 取出，将蛋糕体压成如半球状慕斯模大小的圆形(大小尺寸两种，各12片)。

起司馅

1 将奶油起司和覆盆子果泥搅拌均匀。

2 将蛋黄和细砂糖边隔水加热边搅拌，再加入用冰水浸泡至软的明胶片（连同冰水一起加入），搅拌至溶化，然后加入步骤1的材料搅拌均匀，冷却后拌入打发的动物性鲜奶油拌匀。

3 将起司馅倒入半球状慕斯模内约1/3满，再放入小圆形蛋糕片，然后倒入起司馅至约八分满，再铺上大圆形蛋糕片，放入冰箱冰冻定型。

组合与装饰

将定型的慕斯脱模后，淋上草莓酱（做法参见第27页），放上蓝莓和柠檬丝装饰，底部侧边沾饼干屑即可。

甜点 *Keyword*

果泥和水果都含有果酸。当鲜奶油遇到果酸时，鲜奶油容易出现结块变硬的情形，会影响慕斯的口感，所以制作时通过加热的方式来降低酸度，这样一来果泥在与鲜奶油混合时就不会有结块变硬的现象，制作的慕斯不仅有光滑细致的外表，还有入口即化的美味口感。

美味诀窍 *Point*

★半球状的模型装入馅料时容易翻倒流出，可在半球状模型下加一个正方形的慕斯框，帮助固定，以利于操作。

阳光香橙起司

分量 16个
美味保鲜期 冷藏保存约3天

材料 Ingredients

香橙慕斯

奶油起司	400g
细砂糖	60g
蛋黄	100g
水	125g
明胶片	20g
香橙果泥	250g
蜂蜜	12g
君度橙酒	10g
打发动物性鲜奶油	250g
打发植物性鲜奶油	250g

香橙果冻

香橙果泥	100g
水	200g
细砂糖	75g
果冻粉	12g

装饰

镜面果胶	适量
香橙果盅	16个
(或其他容器)	

做法 Methods

香橙慕斯

1 将奶油起司放在室温中软化，再搅打至软发(图1)。

2 将蛋黄和细砂糖边搅拌边隔水加热至80℃，再加入水和用冰水浸泡至软的明胶片(图2)，搅拌至溶化，然后加入香橙果泥和蜂蜜拌匀(图3)。

3 加入打软的奶油起司搅拌均匀(图4)，稍冷却后，加入君度橙酒、打发动物性鲜奶油和植物性鲜奶油拌匀。

香橙果冻

将香橙果泥和水混合，加热拌煮至沸，再加入混合均匀的细砂糖与果冻粉，充分搅拌至完全溶化，冷却后使用。

组合与装饰

1 将橙子顶部切去约1cm，用汤匙挖出果肉(图5)，做成盛装的果盅(图6)。

2 将香橙慕斯装入香橙果盅中(图7)，表面抹上香橙果冻(图8)，再刷上镜面果胶即可。

美味诀窍 Point ★买不到冷冻的香橙果泥，也可以用挖出来的鲜橙果肉代替。

113

Cheese Cake

香草起司布丁烧

分量 耐烤布丁杯5杯
美味保鲜期 冷藏保存约3天

✣材 料 Ingredients

起司布丁液

牛奶……………………500g
细砂糖…………………85g
鸡蛋……………………5个
马斯卡彭起司………250g
香草荚酱………………10g

焦糖

冷水……………………50g
热水……………………20g
细砂糖…………………125g

装饰

防潮糖粉…………适量
覆盆子……………适量
蓝莓…………………适量
薄荷叶……………适量
熟鱼子……………适量

✣做 法 Methods

起司布丁液

1 将牛奶和细砂糖加热，拌煮至细砂糖溶化。

2 加入鸡蛋、马斯卡彭起司和香草荚酱迅速搅拌均匀，用网筛过滤后，即成起司布丁液。

焦糖

1 将细砂糖和冷水用小火煮至呈咖啡色（即焦糖化），再淋入热水煮至溶化，即成焦糖液。

2 将焦糖液分成5等份，分别倒入布丁杯内，冷却后使用。

组合与装饰

1 将起司布丁液分成5等份，分别倒入装着焦糖液的布丁杯内，放入烤盘中(烤盘中需倒入0.5cm高的水)，送入已经预热的烤箱中，以上火160℃、下火220℃，隔水烤约30分钟(单一火烤法：单一火全开220℃，放在下层，烤约40分钟)。

2 取出布丁，放上覆盆子、蓝莓、薄荷叶和熟鱼子，再撒上少许防潮糖粉点缀即可。

美味诀窍 Point

★将搅拌好的起司布丁液用网筛过滤，可让布丁的口感更顺滑绵密，不会出现颗粒。

Cheese Cake

芒果鲜奶酪

分量 奶酪杯5杯
美味保鲜期 冷藏保存约3天

🌿材 料 Ingredients

奶酪液

牛奶·····················500g

细砂糖··················10g

明胶片··················15g

马斯卡彭起司···········125g

动物性鲜奶油···········100g

芒果果泥················100g

装饰

新鲜芒果丁·············适量

镜面果胶···············适量

彩色珍珠圆·············适量

薄荷叶·················适量

🌿做 法 Methods

奶酪液

1 将明胶片用冰水浸泡至软，取出沥干水分。

2 将牛奶和细砂糖混合加热，拌煮至溶化，再加入明胶片搅拌至溶化，然后加入马斯卡彭起司拌匀，再加入打发的动物性鲜奶油拌匀。

3 将步骤**2**的材料分成两等份，一半作为原味奶酪液；另一半加入芒果果泥拌匀，制成芒果口味奶酪液。

组合与装饰

1 在奶酪杯中倒入原味奶酪液(第一层)，放入冰箱冷藏至凝固，再倒入芒果口味奶酪液(第二层)并冷藏至凝固，然后倒入原味奶酪液(第三层)，送入冰箱冷藏约30分钟，使其凝固定型。

2 在表面刷上镜面果胶，再放上新鲜芒果丁、彩色珍珠圆和薄荷叶点缀即可。

美味诀窍 *Point*

★要制作有层次感的奶酪，必须在倒入第一层后待其凝固，才能倒入第二层，如此才能出现层次感。

离不开
起司点心

起司甜点不光只有起司蛋糕、慕斯和奶酪，在喜爱的甜点中加入起司材料，令人爱不释口的各式起司甜点就这样产生了！将起司巧妙地与各式糕点结合，除了大家熟知的起司蛋糕、提拉米苏及挞派、慕斯之外，还有更多令人想象不到的创意美味，如金枪鱼起司和马铃薯起司、健康的荞麦搭配起司香，以及东方的红曲与西方的起司能擦出怎样的火花？多种不同的美味变化，值得您尝试。

Eat it

材料 Ingredients

马铃薯·················3个
奶油起司·············60g
含盐奶油·············23g
低筋面粉·············23g
盐······················少许
黑胡椒粉··········1/4小匙
细葱末·················适量

做法 Methods

马铃薯馅

1 将马铃薯包上锡箔纸，放入烤箱，以上火180℃、下火180℃烤45~50分钟。

2 取出烤熟的马铃薯，切成两半，用汤匙将每半个马铃薯挖出1/3的量，共250g。

3 将挖出的马铃薯压成泥，加入盐、黑胡椒粉、奶油起司和含盐奶油搅拌均匀，再加入低筋面粉和细葱末拌匀，即成马铃薯馅。

组合与装饰

1 将马铃薯馅装挤花袋内，用星形花嘴在马铃薯中挤入马铃薯馅。

2 放入已经预热的烤箱中，以上火220℃、下火150℃烤15~20分钟(单一火烤法：单一火全开180℃，放中上格，烤20~25分钟)。

3 烤熟后，表面撒上少许细葱末装饰即可。

离不开
起司点心

◯ Cheese Cake

马铃薯起司

分量6个
美味保鲜期 室温保存约1天

美味诀窍
Point

★整个马铃薯包上锡箔纸，烘烤时需翻面，才不会烤焦。

★也可以将做好的马铃薯馅与挞皮搭配烤焙，以变化口味。

119

Cheese Cake

草莓起司挞

分量 | 小挞模型20个（直径5cm、高2.5cm）
美味保鲜期 | 冷藏保存约3天

材 料 Ingredients

挞皮

糖粉	50g
含盐奶油	130g
鸡蛋	30g
低筋面粉	160g
杏仁粉	25g

起司馅

奶油起司	500g
细砂糖	135g
玉米淀粉	10g
君度橙酒	15g
蛋黄	100g
动物性鲜奶油	35g

装饰

打发鲜奶油	适量
新鲜草莓	适量
彩色珍珠圆	适量
起司丁	适量
镜面果胶	适量

➤ 做 法 Methods

挞皮

1 将含盐奶油和糖粉搅拌至颜色变乳白，质地呈绒毛状(图1)。鸡蛋略打散(图2)，分数次加入奶油中搅拌均匀(图3、图4)。

2 将低筋面粉和杏仁粉混合过筛，加入步骤**1**的材料中(图5)，搅拌均匀且成团。

3 将面团用擀面杖压平，搓成长条状(图6)，再分切成重约20g的小面团(图7)，用手略压扁，铺入模型内(图8)，沿模具边缘去除多余的部分(图9)，底部略压平，用叉子均匀地戳出小洞。

4 放入已预热的烤箱中，以上火170℃、下火150℃烤约10分钟(单一火烤法：单一火全开160℃，放在中间格，烤约15分钟)。

起司馅

1 将奶油起司和细砂糖搅拌至松发，呈乳白色，加入过筛的玉米淀粉搅拌均匀(图10)。

2 淋入君度橙酒拌匀，再加入蛋黄充分拌匀，然后放入动物性鲜奶油搅拌均匀(图11)。

组合与装饰

1 将拌匀的起司馅装入挤花袋中，用圆形挤花嘴在烤好的挞皮中挤入起司馅，约八分满(图12)，放入已经预热的烤箱中，以上火200℃、下火130℃烤约10分钟。关上火，再焖烤5~10分钟即可(单一火烤法：单一火全开200℃，放在中间格，烤约20分钟)。

2 在烤好的起司挞上，挤上打发的鲜奶油，放入新鲜草莓、彩色珍珠圆和起司丁点缀，再均匀地刷上镜面果胶即可。

美味诀窍 Point

★ 馅料烘烤时会膨胀，所以不能装得太满，否则容易溢出来，约8分满即可。

蘑菇鲜蔬起司派

分量 中型挞模6个
美味保鲜期 常温保存约1天，冷藏3天

美味诀窍 *Point* ★蔬菜也可以采用汆烫的方式烫熟。

材料 Ingredients

派皮

含盐奶油	80g
蛋黄	20g
鸡蛋	60g
细砂糖	10g
低筋面粉	275g
盐	5g
水	30g

装饰

比萨丝	适量

蔬菜馅

蛋黄	75g
动物性鲜奶油	260g
牛奶	250g
盐	3g
粗黑胡椒粉	3g
西兰花	100g
胡萝卜	100g
洋菇	50g
洋葱	100g
红甜椒	25g
黄甜椒	25g
芦笋	50g
玉米笋	50g

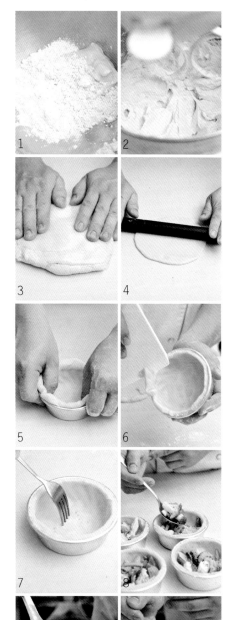

做法 Methods

派皮

1 将蛋黄、鸡蛋、细砂糖和盐搅拌均匀，再加入过筛的低筋面粉拌匀(图1)。

2 加入含盐奶油，搅拌成颗粒状，分数次加入水，拌揉成团(图2、图3)。

3 将面团装入塑料袋内，放入冰箱冷藏，醒约2小时。

4 取出面团略擀平，揉搓成长条状，再分割成重约90g的小面团，擀平(图4)后铺入模型内(图5)，整形并修去边缘多余的部分(图6)，用叉子均匀地戳出小洞(图7)。

蔬菜馅

1 将洋菇切成小丁；洋葱和胡萝卜去皮，切成小丁；西兰花切成小朵；红甜椒与黄甜椒去蒂和子，切成小丁；芦笋和玉米笋切成小丁。

2 锅中热油，加入洋菇、洋葱和胡萝卜拌炒，再放入西兰花、红甜椒、黄甜椒、芦笋和玉米笋拌炒，然后加盐和粗黑胡椒粉调味后炒匀，即成蔬菜馅。

3 将蛋黄、动物鲜奶油和鲜奶混合拌匀。

组合

1 在铺好派皮的派模中装入蔬菜馅，约8分满(图8)，再淋入拌匀的蛋黄、牛奶与动物性鲜奶油液(图9)，表面撒上比萨丝（图10）。

2 送入已经预热的烤箱中，以上火210℃、下火210℃烘烤30~35分钟即可(单一火烤法：单一火全开210℃，放在中间格，烤约35分钟)。

欧德起司挞

分量 | 圆形中挞模6个（直径6cm、高4cm）
美味保鲜期 | 冷藏保存约2天

❧ 材 料 Ingredients

挞皮

含盐奶油·············120g
糖粉·················60g
鸡蛋·················45g
低筋面粉···········200g
杏仁粉···············20g
奶粉·················20g
起司粉···············10g

起司馅

牛奶···············600g
含盐奶油···········50g
细砂糖·············70g
奶油起司··········250g
玉米淀粉···········30g
低筋面粉···········30g
鸡蛋···············160g
肉桂粉···············4g

装饰

薄荷叶···········适量
鲑鱼子···········适量
镜面果胶·········适量

❧ 做 法 Methods

挞皮

1 将含盐奶油和糖粉搅拌均匀至颜色变乳白，质地呈绒毛状。鸡蛋略打散，分数次加入奶油中搅匀。

2 将低筋面粉、杏仁粉、奶粉和起司粉混合过筛，加入步骤**1**的材料中搅拌均匀成团。

3 将面团用擀面杖压平，再用圆形模具压出挞皮（每个重约38g），铺入模型中，整形且修去多余的面皮。

起司馅

1 将牛奶、含盐奶油、细砂糖和奶油起司混合加热，煮沸至奶油溶化。

2 将玉米淀粉、低筋面粉和肉桂粉混合过筛，加入鸡蛋拌匀，再加入步骤**1**的材料中搅拌均匀。

组合与装饰

1 在铺好挞皮的挞模中倒入起司馅，约九分满，送入已经预热的烤箱中，以上火220℃、下火230℃烤约20分钟（单一火烤法：单一火全开220℃，放在中间格，烤约25分钟）。

2 取出起司挞，刷上镜面果胶，再用薄荷叶和鲑鱼子装饰即可。

美味
诀窍
Point

★烘烤时下火温度很高，要注意是否上色，底部上色时就表示烤熟了。

Cheese Cake

杏仁起司条派

分量|烤盘1盘
美味保鲜期 密封室温保存约7天

❧ 材 料 Ingredients

面团

含盐奶油	300g
动物性鲜奶油	80g
牛奶	80g
鸡蛋	55g
细起司粉	150g
低筋面粉	175g
高筋面粉	175g
盐	10g

装饰

蛋白	少许
细砂糖	少许
杏仁片	适量
杏仁粉	少许

❧ 做 法 Methods

面团

1 将低筋面粉、高筋面粉和细起司粉混合过筛，再加入盐和含盐奶油搅拌均匀。

2 将鸡蛋略打散，分数次加入步骤**1**的材料中搅拌均匀，再加入牛奶和动物性鲜奶油搅拌均匀，揉成团后用保鲜膜包好，再擀平，放入冰箱冷冻，醒1~2小时。

3 将醒好的面团用擀面杖擀压成2cm厚的面团，用刀均匀地切成5cm宽的长条片。

装饰

1 将长条面团放入铺好烤盘布的烤盘中，表面薄薄地刷上蛋白液，撒上杏仁片，再撒上杏仁粉和细砂糖。

2 送入已经预热的烤箱中，以上火180℃、下火120℃烤约20分钟，烤至呈金黄色即可（单一火烤法：单一火全开160℃，放在中间格，烤约25分钟）。

美味诀窍 *Point*

★起司条派因需冷冻后切成片，切好后应快速摆盘，面团解冻后会变得太软，不好操作。

红曲起司棒

分量 约35条
美味保鲜期 密封室温保存约7天

材料 Ingredients

面团

含盐奶油…………160g	黑胡椒粉…………1大匙
糖粉…………130g	高筋面粉…………125g
盐…………1g	低筋面粉…………125g
鸡蛋…………85g	
帕玛森起司粉…………90g	**装饰**
杏仁粉…………60g	鸡蛋…………1/2个
红曲粉…………10g	帕玛森起司粉………适量

做法 Methods

1 将含盐奶油、糖粉和盐搅拌至颜色变乳白，质地呈绒毛状(图1)。鸡蛋略打散，分数次加入奶油中搅拌均匀(图2)。

2 将帕玛森起司粉、杏仁粉、红曲粉、黑胡椒粉、高筋面粉和低筋面粉混合过筛，加入步骤**1**的材料中搅拌均匀，拌揉成团(图3)。

3 将面团用擀面杖压平(图4)，用塑料袋包好，放入冰箱冷冻，醒1~2小时。

4 取出醒好的面团，用擀面杖擀压成1cm厚，表面均匀地薄刷上鸡蛋液(图5)，撒上帕玛森起司粉(图6)，用刀切成长12cm、宽2cm的长条(图7)，等距放入烤盘中(图8)。

5 送入已经预热的烤箱中，以上火170℃、下火140℃烤约25分钟即可(单一火烤法：单一火全开160℃，放在中间格，烤20~30分钟)。

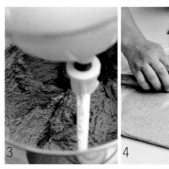

食材 *Memo*

红曲粉可用于料理或制作糕点、面包等各式点心，能增添特殊的风味和色彩。

美味诀窍 *Point*

★面团解冻后不好操作，容易变形，所以动作要快。

★红曲粉如果添加过量，口感不佳。

离不开起司点心
Cheese Cake

雷特起司饼

分量|约24个（直径6.5cm、高2cm）
美味保鲜期|常温密封保存约3天

材料 Ingredients

面团

含盐奶油·············200g
糖粉·················140g
蛋黄·················100g
泡打粉·············1/4小匙
低筋面粉·············180g
杏仁粉···············40g
奶粉·················20g
细起司粉···············7g
黄金起司粉·············7g

装饰

切达起司·············适量
莫扎瑞拉起司·········适量
蛋黄·················适量

做法 Methods

1 将含盐奶油和糖粉搅拌均匀，至颜色变乳白且质地呈绒毛状；蛋黄略打散，分数次加入奶油中搅拌均匀。

2 将低筋面粉、杏仁粉、泡打粉、奶粉、细起司粉和黄金起司粉混合过筛，拌匀后，加入步骤1的材料中，搅拌均匀且成团。

3 将面团装入塑料袋中，放入冰箱冷冻，醒约30分钟。

4 取出面团，擀压成厚约1cm的面皮，薄薄地刷上蛋黄液，撒上切达起司与莫扎瑞拉起司（均切成小丁），再用圆形模具压出饼皮(每个重约30g)，连模具一起放入已铺好烤焙纸的烤盘内。

5 送入已经预热的烤箱中，以上火180℃、下火150℃，烤约25分钟即可(单一火烤法：单一火全开165℃，放在中上格，烤25~30分钟)。

美味诀窍 Point

★切达起司与莫扎瑞拉起司用于装饰时，可切成边长为1cm的小丁。

🥐材 料 Ingredients

饼皮

含盐奶油	227g
糖粉	100g
鸡蛋	72g
低筋面粉	275g
起司粉	25g
泡打粉	1/4小匙
香草精	1/4小匙
蛋黄	适量

装饰

烤香的核桃	150g
（或其他坚果）	
防潮糖粉	适量

葡萄干奶油霜

含盐奶油	300g
果糖	125g
白兰地	5g
葡萄干	150g

美味诀窍 *Point*

★加入奶油霜的坚果要事先烘烤，以上火150℃、下火150℃烤约15分钟，这样坚果才会酥脆。

离不开起司点心
Cheese Cake

起司夹心酥

分量|15个（共30片）
美味保鲜期|室温密封保存约5天

🥐做 法 Methods

饼皮

1 将软化的含盐奶油与过筛的糖粉混合，拌打至松发且呈乳白色。鸡蛋略打散，分数次加入奶油中搅拌均匀。

2 将低筋面粉、泡打粉和起司粉混合过筛，加入**步骤1**的材料中搅拌均匀，再加入香草精拌匀。

3 将**步骤2**的材料装入塑料袋中，放入冰箱冷藏约30分钟。

4 取出冷冻至硬的面团，用擀面杖压平，再用模具压成0.5cm的厚片，均匀地刷上蛋黄液，放入铺好烤焙纸的烤盘中。

5 送入已预热的烤箱中，以上火180℃、下火150℃烤约25分钟（单一火烤法：单一火全开165℃，放在中间格，烤约30分钟）。

葡萄干奶油霜

1 将葡萄干用白兰地浸泡入味。

2 将含盐奶油和果糖拌打至呈乳白色，再加入**步骤1**的材料拌匀。

组合与装饰

1 将烤好的饼干晾凉，以2片为1组。在1片饼干上抹上葡萄干奶油霜，加入烤香的核桃，再盖上1片饼干，即成夹心酥。

2 筛上防潮糖粉即可。

苏格兰起司饼

分量|船形模约24个
美味保鲜期|室温密封保存约7天

❧材 料 Ingredients

面团

含盐奶油	200g
糖粉	130g
蛋黄	80g
盐	1/8小匙
杏仁粉	20g
低筋面粉	190g
泡打粉	1/4小匙
起司粉	10g
奶粉	20g
肉桂粉	3g
豆蔻粉	2g

装饰

核桃	50g
开心果	50g
杏仁	50g
蛋黄	5个

❧做 法 Methods

1 将含盐奶油、糖粉和盐搅拌均匀，至颜色变乳白且质地呈绒毛状。蛋黄略打散，分数次加入奶油中搅拌均匀。

2 将低筋面粉、杏仁粉、泡打粉、奶粉、起司粉、肉桂粉和豆蔻粉混合过筛，拌匀后，加入步骤1的材料搅拌均匀，再挤入硅胶模型中。

3 刷上薄薄一层蛋黄液，放上核桃、开心果和杏仁，连模型一起放入烤盘内。

4 送入已预热的烤箱中，以上火180℃、下火150℃烤约25分钟即可(单一火烤法：单一火全开165℃，放在中间格，约烤30分钟)。

美味诀窍 Point

★ 面团挤入模型时需要注意厚度，约0.5厘米厚，如面团太厚则不容易烤熟。

★ 表面刷上蛋黄液既可增添色泽，还能让表面的坚果不易脱落。

❦材 料 Ingredients

饼干体

细砂糖	100g
蛋白	20g
鸡蛋	25g
动物性鲜奶油	10g
含盐奶油	10g
低筋面粉	25g
起司粉	10g
榛果粉	20g
荞麦粉	45g
咖啡粉	5g

装饰

荞麦粒	50g
杏仁片	50g

❦做 法 Methods

1 将含盐奶油隔水加热至熔化。

2 将细砂糖、蛋白和鸡蛋搅拌打发，加入熔化的含盐奶油搅拌均匀，再加入动物性鲜奶油拌匀。

3 将低筋面粉、起司粉、咖啡粉、榛果粉和荞麦粉混合过筛后拌匀，加入步骤**2**的材料中拌匀。

4 将面糊装入挤花袋中，在铺好烤盘布的烤盘上，挤出大小相同的饼干糊，表面放上混合拌匀的杏仁片与荞麦粒(杏仁片不要重叠，饼干糊与饼干糊之间要保持一定的距离)。

5 送入已经预热的烤箱中，以上火150℃、下火150℃，烤约20分钟至上色即可(单一火烤法：单一火全开150℃，放在中间格，烤约25分钟)。

离不开
起司点心

Cheese Cake

荞麦起司脆片

分量|烤盘1盘（约30片）
美味保鲜期|室温密封保存约7天

美味诀窍
Point

★加入粉类时不能过度搅拌，否则会使面糊过硬，不好操作，只要轻轻拌匀即可。

★挤饼干糊时，面糊与面糊之间要保持一定的距离，以防烘烤时膨胀而粘在一起。

离不开
起司点心

Cheese Cake

迷你起司球

分量 半圆形模盘1个
美味保鲜期 冷藏保存约4天

材料 Ingredients

起司皮

含盐奶油……………200g
奶油起司……………50g
糖粉…………………100g
蛋黄…………………60g
低筋面粉……………190g
杏仁粉………………35g
起司粉………………15g

起司馅

奶油起司……………375g
细砂糖………………75g
君度橙酒………………6g
蛋黄…………………82g
切达起司…………适量
(或莫扎瑞拉起司)

美味诀窍 Point

★最后烘烤时，因为上火需高温，下火应低温，可以在下方多加一个烤盘，以免下火过热。

做法 Methods

起司皮

1 将奶油起司、含量奶油和糖粉搅拌均匀，至颜色变白且质地呈绒毛状；蛋黄略打散，分数次加入奶油中搅拌均匀。

2 将低筋面粉、杏仁粉和起司粉混合过筛，加入步骤1的材料中，搅拌均匀且成团。

3 将面团用擀面杖压平，用圆形模具压出挞皮(每个重约10g)，放入模型内，用叉子均匀地扎出小孔。

4 放入已预热的烤箱中，以上火150℃、下火150℃烤10~15分钟(单一火烤法：单一火全开150℃，放在中间格，烤约20分钟)。

起司馅

将奶油起司搅拌打软，加入细砂糖，搅拌至松发且呈乳白色，然后加入君度橙酒和蛋黄搅拌均匀。

组合

1 将起司馅装入烤熟的起司皮中，约至九分满，再放上切成小块的切达起司(或莫扎瑞拉起司)。

送入已经预热的烤箱中，以上火210℃、下火120℃烤约20分钟即可(单一火烤法：单一火全开170℃，放在中间格，烤约25分钟)。

做 法 Methods

起司面团

1 将含盐奶油和糖粉混合搅拌，至颜色变白且质地呈绒毛状。鸡蛋略打散，分数次加入奶油中搅拌均匀。

2 将低筋面粉、高筋面粉、泡打粉、起司粉和杏仁粉混合过筛，加入**步骤1**的材料中搅拌均匀，再加入切碎的核桃拌匀成团。

3 将面团分成每个约10g的小面团，搓圆且略压扁后，包入莫扎瑞拉起司块(切成边长为1厘米的立方块)，滚圆整形成圆球状，放入铺好烤焙纸的烤盘中。

4 送入已经预热的烤箱中，以上火180℃、下火150℃烤约10分钟。关火，再闷约10分钟(单一火烤法：单一火全开160℃，放在中间格，烤约25分钟)。

装饰

出炉后，趁热均匀蘸裹防潮糖粉即可。

Cheese Cake

起司雪球

分量 约70个（每个重约10g）
美味保鲜期 常温密封保存约2天

材 料 Ingredients

起司面团		馅料	
含盐奶油	120g	莫扎瑞拉起司	140g
糖粉	140g	**装饰**	
鸡蛋	110g	防潮糖粉	适量
泡打粉	18g		
低筋面粉	75g		
高筋面粉	165g		
起司粉	50g		
杏仁粉	75g		
核桃	65g		

美味
诀窍
Point

★可将莫扎瑞拉起司切好，先放在冰箱中冷冻至硬后，再包入起司面团中，这样比较方便操作。

离不开起司点心

Cheese Cake

起司脆皮泡芙

分量|中空模18个

|冷藏保存到

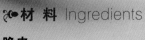
脆皮

含盐奶油	50g
细砂糖	75g
鸡蛋	20g
杏仁粉	50g
低筋面粉	45g
黄金起司粉	5g

泡芙面糊

含盐奶油	100g
鸡蛋	210g
色拉油	50g
水	150g
低筋面粉	140g
黄金起司粉	10g

馅料

卡士达粉	110g
牛奶	300g
奶油起司	120g
植物性鲜奶油	200g
水果酒	10g

装饰

草莓	适量
防潮糖粉	适量

☞ 做法 Methods

脆皮

1 将含盐奶油略搅拌，加入细砂糖搅拌至质地呈绒毛状，然后分数次加入鸡蛋拌匀。

2 将低筋面粉、杏仁粉和黄金起司粉过筛，加入步骤1的材料中搅拌均匀，即成脆皮面糊(图1、图2)。

泡芙体

1 将水、含盐奶油和色拉油混合煮沸，至含盐奶油完全溶化(图3)。

2 加入均匀过筛的低筋面粉与黄金起司粉搅拌均匀，离火(图4)，分数次加入打散的鸡蛋拌匀(图5)，即成泡芙面糊。

3 将挤花袋套入平口花嘴，装入泡芙面糊，在喷上烤盘油的硅胶烤模内(图6)，挤出大小一致的圆形(图7)。

4 将脆皮面糊装入挤花袋中，用圆形花嘴挤在泡芙面糊上(图8)。

5 送入已经预热的烤箱中，以上火200℃、下火180℃烤约15分钟。关上火，再烤约15分钟即可(单一火烤法：单一火全开190℃，放中间格，烤30~35分钟)。

馅料

1 将卡士达粉与牛奶搅拌均匀(图9)。

2 将奶油起司打软，加入步骤1的材料中拌匀(图10)，再加入打发的植物性鲜奶油和水果酒拌匀(图11)，用保鲜膜覆盖(图12)，晾凉后放入冰箱冷藏约20分钟。

组合与装饰

1 将烤好的泡芙体横剖成上下两部分。

2 将卡士达馅料装入挤花袋中，用圆形花嘴在底座的泡芙体上挤入适量馅料(图13)，放上草莓(图14)，盖上上层泡芙体，再筛上防潮糖粉即可(图15)。

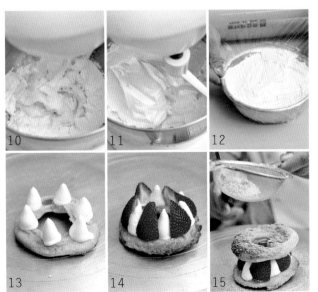

美味诀窍 Point
★挤好的泡芙面糊要立即入烤箱烘烤，否则面糊容易因流失水分，而表面干裂。
★馅料与搭配的水果可随个人喜好变化。

黄金烧烤起司

分量 约14条（长14cm、宽4cm）
美味保鲜期 冷藏保存约2天

材 料 Ingredients

起司糊

奶油起司………100g
牛奶……………125g
含盐奶油………100g
低筋面粉………48g
玉米淀粉…………92g
蛋黄……………125g
鸡蛋……………92g
蛋白……………250g
细砂糖…………138g

烧烤酱

奶油起司………250g
细砂糖…………75g
蛋黄……………50g

装饰

镜面果胶…………适量

做 法 Methods

起司糊

1 将奶油起司、牛奶和含盐奶油隔水加热至60~70℃，溶化后降温至50℃。

2 将低筋面粉和玉米淀粉混合过筛，加入步骤**1**的材料中拌匀，再分数次加入打散的蛋黄和鸡蛋搅拌均匀。

3 将蛋白与细砂糖搅打至约八分发，再加入步骤**2**的材料中轻混拌匀。

烧烤酱

将放在室温下软化的奶油起司和细砂糖混合，搅拌至松发，再加入蛋黄充分搅拌均匀。

组合与装饰

1 将起司糊倒入烤模内，送入已经预热的烤箱中，以上火210℃(关闭下火)烤约12分钟，再挤上表面烧烤酱，然后烤约20分钟至表面上色(单一火烤法：单一火全开180℃，放中间格，烤35~40分钟)。

2 取出，刷上薄薄一层镜面果胶，切成小块即可。

美味诀窍 *Point*

★挤上烧烤酱时，可不规则地挤满蛋糕表面，烤至上色后会呈现深浅不同的效果。

Cheese Cake

起司香葱司康

分量 15个
美味保鲜期 室温密封保存约2天

❧材 料 Ingredients

起司面团

含盐奶油⋯⋯⋯⋯⋯125g
细砂糖⋯⋯⋯⋯⋯⋯125g
鸡蛋⋯⋯⋯⋯⋯⋯⋯75g
牛奶⋯⋯⋯⋯⋯⋯⋯175g
小苏打⋯⋯⋯⋯⋯1/4小匙
泡打粉⋯⋯⋯⋯⋯⋯1小匙
高筋面粉⋯⋯⋯⋯⋯350g
低筋面粉⋯⋯⋯⋯⋯150g
起司片⋯⋯⋯⋯⋯⋯200g
盐⋯⋯⋯⋯⋯⋯⋯1/2小匙
干燥葱花⋯⋯⋯⋯⋯2小匙

装饰

蛋黄⋯⋯⋯⋯⋯⋯⋯适量

❧做 法 Methods

1 将含盐奶油和细砂糖搅拌至颜色变白，质地呈绒毛状。鸡蛋略打散，分数次加入奶油中搅拌均匀，再加入牛奶拌匀。

2 将高筋面粉、低筋面粉、小苏粉和泡打粉混合过筛，加入步骤**1**的材料中拌匀，再加入盐和干燥葱花混合拌匀。

3 将步骤**2**的材料拌匀成团，用擀面杖擀压成约0.5cm厚的面皮，再切成两等份。

4 将切好的面皮分成上下两层，中间放入起司片，再用长方形模具压出造型，表面均匀地刷上蛋黄液，放上切成两半的起司片，然后放入铺好烤盘布的烤盘中。

5 送入已经预热的烤箱中，以上火180℃、下火150℃烤约20分钟即可(单一火烤法：单一火全开165℃，放在中间格，烤约25分钟)。

美味
诀窍
Point

★可以把起司片切成小块，加入面团中搅拌均匀，制作时更省事。

浪漫下午茶

各式起司糕点的速配搭档

Afternoon Tea

Coffee or Tea? 诱人的起司糕点美味又甜蜜，若能搭配一杯适宜的饮品，就再美妙不过了。这里为您介绍几款能让起司糕点美味加倍的拍档，只要掌握了口味与属性相近的美味原则，就能搭配出令人意想不到的好滋味。

速配搭档 1 咖啡

无论是美式黑咖啡、意大利浓缩咖啡，还是经过完美调配的各种花式咖啡（摩卡、卡布基诺、拿铁），都很适合与口味浓郁的起司蛋糕、慕斯搭配。咖啡的醇厚与绵密浓郁的起司糕点相遇，可以让甜点一点也不腻口，苦味与酸味交织的柔和感，会产生一种恰如其分的谐调美味。

速配搭档 2 花草茶

茶类饮料如花草茶、果粒茶、英式伯爵红茶和抹茶等，虽然各有不同的风味，但都具有清香的共同特性，与浓烈风味的甜点搭配可以互相衬托，不抢味，更能凸显甜点的特殊风味，很适合与香甜的糕点一起品尝。

速配搭档 3 鲜果汁

甜点中的起司奶油香味可使果汁的酸甜味更柔顺，而果汁的清新爽口也可以调和口感偏干涩的饼干甜点，二者相得益彰。

速配搭档 4 甜酒

酒类包括口味偏甜、酒精度略高的甜酒及散发果香的葡萄酒等，半甜的白酒十分适合搭配水果挞类等甜度较低的甜点，醇厚的陈年甜白酒则与坚果、果干类甜点极为契合，稍甜的红酒与巧克力类甜点是绝妙的搭配。

图书在版编目（CIP）数据

不一样的起司蛋糕/何国熙著. —郑州：河南科学技术出版社，2012.1

ISBN 978-7-5349-4311-9

I.①不… II.①何… III.①蛋糕-制作 IV.①TS213.2

中国版本图书馆CIP数据核字(2011)第179700号

出版发行：河南科学技术出版社

地址：郑州市经五路66号　邮编：450002

电话：(0371) 65737028　65788613

网址：www.hnstp.cn

策划编辑：刘　欣

责任编辑：李　娟

装帧设计：百朗文化

印　　刷：北京市雅迪彩色印刷有限公司

经　　销：全国新华书店

幅面尺寸：170mm×240mm　印张：9　字数：200千字

版　　次：2012年1月第1版　2012年1月第1次印刷

定　　价：36.00元

如发现印、装质量问题，影响阅读，请与出版社联系调换。